本书是 2019 年度天津市哲学社会科学规划课题青年项目"新时代儒家伦理涵养社会主义核心价值观的价值及路径研究"（项目编号：TJKSQN19-004）的最终成果

本书由天津师范大学马克思主义学院"全国重点马克思主义学院建设经费"资助出版

天津师范大学马克思主义学院学术文库

儒家劳动伦理涵养
社会主义敬业价值观研究

孙旭 著

天津出版传媒集团

天津人民出版社

图书在版编目(CIP)数据

儒家劳动伦理涵养社会主义敬业价值观研究 / 孙旭
著. -- 天津：天津人民出版社, 2022.8
(天津师范大学马克思主义学院学术文库)
ISBN 978-7-201-18711-2

Ⅰ. ①儒… Ⅱ. ①孙… Ⅲ. ①职业道德-研究 Ⅳ.
①B822.9

中国版本图书馆 CIP 数据核字(2022)第 156934 号

儒家劳动伦理涵养社会主义敬业价值观研究
RUJIA LAODONG LUNLI HANYANG SHEHUIZHUYI
JINGYE JIAZHIGUAN YANJIU

出　　版	天津人民出版社
出 版 人	刘　庆
地　　址	天津市和平区西康路 35 号康岳大厦
邮政编码	300051
邮购电话	(022)23332469
电子邮箱	reader@tjrmcbs.com

责任编辑	郑　玥
特约编辑	王　倩
装帧设计	汤　磊

印　　刷	北京虎彩文化传播有限公司
经　　销	新华书店
开　　本	710 毫米×1000 毫米　1/16
印　　张	13.5
插　　页	2
字　　数	200 千字
版次印次	2022 年 8 月第 1 版　2022 年 8 月第 1 次印刷
定　　价	78.00 元

序 言：
传统与现代劳动伦理的承袭、融合与向新

杨永志①

　　劳动的伦理认知和价值选择从古至今都是个绵延不绝、人人可议的话题。在劳动伦理方面，我们需要走出某些认识误区，由外在的规约过渡到内在的自觉，就是真正地打心眼里接受劳动价值，并由被迫走向主动，由负担走向乐趣。只有热爱劳动、勤于劳动、善于劳动，把劳动变成人的客观需要和情感需求，才使人的辛勤劳动不只是出于功利而闪耀着光荣的色焰，才使人们创造新世界有了广阔的实践平台，才使人生价值有了施展和实现的机会。今天，为时代定调的东西是科学，从宇宙的边陲到原子的内核，从互联网的延伸到 DNA 的破译，科学正以令人眩晕的速度全面推进，渗透到寻常百姓生活的细枝末节，但是科学活动是劳动的一种形式，科学成果是劳动的结晶。当下，为世界发展的引路明灯是正确的价值理念，正确的价值理念像引路明灯一样为人类照亮奔向黎明的道路，而正确的价值理念同样是一种劳动探索的产物。

　　人类与劳动似乎与生俱来、形影相随。从历史教科书上，我们了解到的是劳动创造了现代人，打造石器、渔猎、耕种、畜牧等原始性劳动强化了人的

---

　　① 杨永志：南开大学教授、博士生导师，主要研究方向为社会主义核心价值观研究。

手脚分工、火的使用、大脑进化、工具制造、语言文字的产生,等等,开始了人类由野蛮向文明的揖别。然而有些人对"劳动创造了人本身"这个唯物史观的基本观点提出质疑,[①]并以实证的方法大加挞伐。在人与动物的根本区别上一直存在争议,有预设、有目的的自觉劳动并不是人与动物区别的普遍共识,相反一些人将情感、思维等精神性的东西作为人与动物本质差异,甚至将文化、文明等这些人类后续演化出来的东西作为圭臬。实际上,劳动创造了人本身用不着找什么历史证据,也没有充分的历史资料可供佐证,以一般的简单逻辑分析就足能令人信服,没有有预设、有目的的自觉劳动,人就是动物。

从马克思主义的历史唯物主义那里,我们不仅明白了"劳动创造了人本身"[②],劳动使人成为高级动物,有预设、有目的的自觉劳动是人与动物的根本区别;也明白了是价值源泉的道理,劳动者及其家人的生存和发展必须通过劳动才能实现,所谓资本创造价值、稀缺创造价值、需要创造价值等纯属无稽之谈;还明白了劳动为人类生存创造了使用价值,也为剥削者提供了剩余价值,不劳而获的剥削者可以借此积聚财富,在私有制社会制度下,劳动并不是获得财富的唯一源泉,劳动甚至可以异化为苦难和贫困的工具;更明白了占人口绝大部分的劳动群众是社会的主体,是历史的创造者,不仅创造了一切物质财富,也创造了一切形态的精神财富,一旦实现生产力高度发达的共产主义社会,物质财富将极大涌流出来,劳动也不再成为"人们的沉重负担",而成为"人发展的乐趣和长久存在的前提"。当然马克思主义在根本上是关于"人的解放的学说",所谓人的解放包括"使人摆脱艰险繁重的劳动、摆脱自然与社会的奴役、摆脱阶级的剥削与压迫,人人得到自由而全面的发展,过着美满、幸福的生活"。[③]

新华网数据新闻部曾在 2015 年整理出"习近平'幸福十谈'",按照习近

---

① ② 《马克思恩格斯全集》(第 20 卷),人民出版社,1971 年,第 509 页。
③ 高放等:《科学社会主义理论与实践》,中国人民大学出版社,2005 年,第 2 页。

平同志的观点,人民生活中的幸福来自"民族的团结、人类的和平、日常的平安、身体的健康、美丽的蓝天、精神的愉悦、劳动的创造"①,明确提出劳动的创造是人民生活幸福的重要源泉观点。"勤劳"历来是中华民族精神中的重要特点。从中国儒家学说我们知道了"劳动光荣""自强不息""忠于职守""爱岗敬业",鄙视"不劳而获",反对"游手好闲",忌惮"嬉乐荒业",不屑"玩物丧志"。至于那些人人皆知、耳熟能详的兢兢业业、任劳任怨、埋头苦干、尽忠尽职、脚踏实地、勤勤恳恳、恪尽职守、不辞劳怨、吃苦耐劳、艰苦奋斗、挖山不止、废寝忘食、精益求精等形容词句,都被认为是对人优秀劳动品质的概括。儒家劳动伦理是我们中华民族重要的精神命脉,凝聚着一代又一代中国人民的智慧和经验,对于涵养社会主义敬业价值观依然具有重要的时代价值,我们非但不能割断自己的精神命脉,还要积极地承袭和弘扬,与现实正确的价值理念相结合,形成新时代劳动伦理观。

从学者的研究中我们知道了劳动是衡量人的价值的主要尺度。张奎良在《求是》杂志1984年第3期登载的文章《论人的价值的尺度》,结尾是这样写的:"总之,人的价值尺度不是单一的,而是综合的,在历史上充当过人的价值尺度的不仅有等级、金钱、劳动,个人品质和道德水准在对人的评价中也起到过重大的作用。与此同时,个人品质和道德水准并未失去自身的意义,它与劳动一起共同构成人的价值尺度的全部内容。"

勤于劳动在某些人那里似乎有些太"俗"。劳动生活日复一日、循规蹈矩缺少新鲜感和足够的刺激,但是这样波澜不惊的劳动,使人们一日接一日地生活下去,"如暗飞中的萤虫自照,如水宿中的禽鸟相呼"。普通百姓的生活,最多的正是这样的生活。但只有在处于战争之中和特殊时刻,此时劳动就会不再"世俗",而且弥足珍贵。假如你是个大学毕业生,或者长期失业

---

① "习近平'幸福十谈'",新华网,http://www.xinhuanet.com/politics/2015-08/11/c_128116769.htm?_wv=5。

者,就会深切体会到有一份工作比那些所谓的自由和民主更迫切。就业是最大的民生,而劳动就业权是保护公民的一项重要的基本权利。贾平凹先生善写小说,而他的文学评论也很有味道,他在长篇散文集《老西安》中曾说过:"我们尊重那些英雄豪杰,但英雄豪杰辈出的年代必定是老百姓生灵涂炭的岁月"。就普通百姓来说,跟帝王将相、才子佳人、社会精英不同,看似不起眼的劳动,却是造就身体健康、夫妻恩爱、家庭平安、生活幸福、环境舒适的生活基础。

热爱劳动在有些年轻人那里似乎太"土"。如果看一看许多年轻人为了追踪"明星",其行为到了无以复加的地步,他们对"星们"的星座和"八字"都了解得如此彻底,迷恋明星、献身明星,更有甚者倾其所有为明星"打赏",或不惜倒牛奶为明星"打投"。面对上述种种的追星现象,你或许会怀疑现在是"崇拜时代""追星时代",而不是什么信息时代和知识经济时代,更不是崇尚劳动的时代。如果想一想那些"迷们"失去理智的癫狂状态,你或许会感到失望,你或许不会再坚持人类已经从蒙昧时代走出,进入什么文明时代的判断,难道不是历史的脚步走错了门口,正在进入一个痴迷的"追星时代"? 须知文化娱乐产业的繁荣,是中国日益繁荣昌盛的结果。而中国的繁荣昌盛,归根到底要靠千千万万普通劳动者积极投身经济社会发展的火热实践。"劳动最光荣"永不过时。反思年轻人"倒奶式"追星现象固然重要,但教育引导他们崇尚劳动、尊重劳动,懂得劳动最光荣、劳动最崇高、劳动最伟大、劳动最美丽的道理更加紧迫。

"老黄牛精神"是中国人总结出来的一种优秀精神,其中的重要内涵是"勤奋"。我由此想到余秋雨散文中的一段文字:"我不喜欢斗牛,牛从不与人为敌。人类天天驱使它,吃它的肉也就罢了,却又偏偏寻找原始的美感,去激怒它、伤害它。杀就杀呗,却要聚起那么多的人,用阵阵呼喊来掩盖阴谋。要比雄健,为什么不去找狮子和老虎? 专门与牛过不去,还不是因为它忠厚。"老黄牛是农民劳作的伙伴,这里的忠厚应该是说它有吃苦、耐劳和默默无闻的奉献精神。今天,尽管时代发生了翻天覆地的变化,但是我们中国人仍像"老黄牛"一样勤勤恳恳、任劳任怨,不搞"投机取巧",不发"不义之财"。中国改革开放四十余年的实践证明,中国发展不仅是和平崛起,也是劳动崛起,亿万中国人民通过几十年的忘我劳动、奋发图强,创造了中国特色社会主义道路和中国模式,劳动是中国财富积累、中国人民富裕起来的坚实基础。

在这个充满竞争的世界里,想通过不劳而获、奴役他人和剥夺他人的劳动来维系生活是靠不住的,通过劳动谋生并实现幸福快乐地生活永远是人间正道和为人的不二法门。

在诗、歌中,有人赞美和歌唱春天,有人赞美和歌唱爱情,有人赞美和歌唱劳动。劳动可能存在着"吃苦""吃亏"问题。当年我在本书作者孙旭博士即毕业时曾告诫他:到一个新的地方首先要"勤劳",因为无数人成功的经验都是"天才占百分之十,勤奋占百分之九十",有天分而不勤劳等于平凡。其次要懂得"吃亏",不是为了"吃小亏占大便宜",而是出于一种脱俗的"胸怀",人生不应奉行"等量劳动相交换"的经济法则,同时劳动付出可以在体内得以恢复,如同春草枯萎了可以再生一样,劳动的"毁灭"也可以"涅槃"。人们可能不认同我这种理念,甚至嘲笑我的一辈子工作史就是一部"傻亏"的历史。但正所谓环境创造人,人也创造环境,我认为这种理念既是环境造就的结果,也是一种个人主动的价值选择。

劳动意味着存在"奉献",我欣赏20世纪匈牙利诗人裴多菲的诗句:

我愿意是废墟
在峻峭的山岩上
即使寂静地毁灭
也并不使我懊丧

只要我的爱人是青青的常春藤

沿着我荒凉的额攀援、上升。

就是说,劳动不全为付出者自己,有时的劳动也可以为别人,为了他人和这个世界更加美好。我们唯物主义者,不是因为受哪种宗教"洗脑"而迷狂,皈依于"苦行僧"或者"无私",而是力所能及为人类发展,这应是人生价值的劳动广角。

排除制度因素,劳动是幸福的条件。马克思认为,"如果我们选择了最能为人类谋福利而劳动的职业,那么,重担就不能把我们压倒,因为它是为大家而献身……我们的幸福将属于千百万人"①。马克思主义幸福观不仅包括为他人奉献,还包括社会责任的担当,就是担负起人类文明进步、民族自由解放、国家富强发展的责任,具体说要有"家国情怀"。这种幸福观是个人道德人格的极高境界,拥有这样人格和幸福观的人可以称之为"平凡而伟大的人",他们是"革命事业合格的接班人"。在现实社会中,那些有理想追求的人,才可能具备这样的人格和幸福观。

一般来说,有担当有理想的人,他们拥有的幸福内容丰富,幸福感持久,而那些思想空虚或者只满足于物质欲望的人不可能有很高很持久的幸福指数。有责任担当和有理想追求作为一般社会主义幸福观,具体转化为中国特色社会主义幸福观,就是把"家国情怀"与"民族复兴"作为幸福、荣誉和满足,并为此不懈奋斗。历史实践表明:这种人越多,国家发展就会越好。因此要积极开展有责任担当、有理想追求的幸福观教育,培养尽可能多的"平凡而伟大的人"和"革命事业合格接班人"。

世界上有的国家青年人自杀率较高,造成这种情况的原因,与其人生观

---

① 《马克思恩格斯全集》(第40卷),人民出版社,1982年,第7页。

的教育和影响有一定关系。笔者认为,中国特色社会主义正确的幸福观,应该是精神为先、奋斗获得、健康向上的。

所谓精神为先,是相对于物质为先而言,把精神幸福放在第一位。精神幸福不是唯心主义的不要物质幸福,而是对幸福内容选择的一种价值排序,把精神幸福放在第一位符合人类文明发展的客观实际。

所谓奋斗获得,是相对于继承前辈所创造的条件而言,人们不应只满足于继承前辈所创造条件,还要懂得靠自身奋斗获得幸福满足的道理。奋斗获得将是我们更应该羡慕、赞誉和提倡的。

所谓健康向上,是相对于那些颓废、奢靡、堕落、暴力、消极等人生观而言,扭曲的人生观是个人幸福观的负能量,只有健康向上的人生观才能使人获得正确的和较多的幸福感。

可见,精神为先、奋斗获得、健康向上的幸福观是积极的幸福观,我们对大学生进行中国特色社会主义幸福观教育,一定要多一些积极,避免和减少消极。

除了资产阶级幸福观中的错误成分之外,历史上还存在着像"娱乐至死幸福观",把颓废、碌碌无为和"游戏人生"当作人生的幸福;"自由至上幸福观",认为实现了社会无政府、无法律和无道德状态,达到绝对自由才是人之幸福;"权力控制幸福观",这是由畸形权力欲演变形成的幸福观,认为权利是获得幸福的工具,权力越大幸福越多,等等。正是在"良莠不齐"的意义上,我们说不能简单地进行幸福观替代。美国哈佛大学成人发展研究中心曾对 724 人做过长达 75 年关于幸福来源的追踪调查,去观察从青少年开始,究竟什么能使人获得和保持幸福,得出的重要结论是"good relationships keep us happier and healthier"(良好的社会关系让我们更幸福、更健康)。事实也证明,凡是与家庭、朋友和周围人群联系紧密的人更幸福。孤独不可能幸福,即便自身颜值、聪明条件和拥有的物质条件非常好。当然起决定作用的不是亲朋数量,而是关系的稳定程度和亲密关系的质量。这个调查还说明,单纯的工作和奋斗不一定获得和保持幸福。尽管中美两国基本国情不同,但是在幸福来源上存有共性。

我们进行中国特色社会主义幸福观教育,积极吸收国外有益经验,通过结合中国实际让大学生懂得怎样做才能获得稳定和持久的幸福。其实幸福很简单,在小时候得到一件喜欢的东西就感觉幸福,长大后实现了某种目标感觉幸福。在日常生活中,甚至一个善意的微笑和温馨的问候、一点认同和赞美、一种提醒和帮助,等等,都可能使人感觉幸福。中国特色社会主义讲求互助,所以需要每个人随时随地对身边的人"施以援手"。付出一点劳动能带给别人的幸福尽管很小很短暂,但是人人都能经常和自觉这样做,由此积累而成的社会幸福感或幸福度一定会大大提升。许多人说话办事让人很"舒服",这就是带给别人幸福的能力体现,也是建立和谐的中国特色社会主义新型人际关系的重要内容。

进行幸福观教育,除了进行价值观指导,还要给学生做示范,并且让同学之间互相多做带给对方幸福的事,同时深入社会生活通过"温暖"他人,实践怎样给别人带来"幸福一刻"。"幸福一刻"实践活动不可小觑,经常开展这样的活动,既能增强了大学生在人际关系处理上的创新能力,也能训练他们力所能及帮助他人和影响他人的好习惯,还能为他们走上工作岗位后为社会带来"长久幸福"打下基础。

总之,要教育大学生不要等着"幸福来敲门",而是通过中国特色社会主义正确幸福观指导,在积极追寻中华民族伟大复兴中国梦中热爱劳动、勤于劳动、善于劳动、创造新奇,才能享受快乐、体验美好。

排除非理性因素,劳动是自由的前提。自由是人类在价值观上使用最多的概念之一,尽管许多政治背景不同的人都使用它,但是对其内涵的理解和具体追求却大相径庭。自由是人类的共同价值,但是自由观不是普世的,而且在不同时代,追求具体自由的侧重点也不同。我们今天,在生命自由、人权自由、思想和言论自由、政治自由、社会自由、生活自由都有具体的追求目标。追求免于恐惧和伤害的生命自由,追求保障生存和发展的人权自由,追求遵守规矩的思想和言论自由,追求民主集中式的政治自由,追求与平等、公正、法治相统一的社会自由,追求主宰自己命运的生活自由。以马克思主义自由观为基础的中国特色社会主义自由与新自由主义的自由之间具有与生俱来的裂隙,这种裂隙不能消弭,也不能通过"嵌入"方式进行融合,因为文化传统和政治制度的"底色"难以改变,如果允许新自由主义的自由泛滥,其结果必然是我们发展走向历史性停滞和陷入全社会混乱。我们今天更不追求极端主义和无政府主义的所谓自由。极端主义和无政府主义自由的共同点就是"不切实际、不要秩序、不管他人",宣称"绝对自由、无限自由、自由至上",其表现是"目空一切、为所欲为、肆无忌惮"。这种自由对人类不是福音而是灾难,追崇这种自由最终会导致"弱肉强食"的社会混乱局面,当年德国法西斯和日本法西斯都想在世界上推行这样的自由,虽然他们目的最终没能实现,但是历史的隐痛仍留在许多人记忆。随着人类文明进步的发展,尽管当今极端主义和无政府主义的自由越来越没有市场,但是人类远没有彻底摆脱这种自由的"梦魇",仍有发展中国家正受这种自由挟持陷入内乱不断。因而,在国内,我们要旗帜鲜明地反对不受"约束"的各种形式自由,避免极端的自由主义"滥觞",确保社会秩序稳定;在国际,要通过建立和完善世界政治、经济、文化、环境等良好秩序,坚决反对以自由为借口干涉别国内政、以打击恐怖主义为名加剧地区冲突,确保人类实现稳定和长久的自由。概言之,我们今天追求的自由,是在继承马克思主义自由观基础上形成的中国特色社会主义自由,其最基本的特征就是:以"最广大人民根本利益"为自由的根基,以"集体自由"为自由的本质,通过"从民主到集中"等方式彰显执政党自由和人民自由。有些西方国家可能出于民族的劣根性,或出于资本的本性,它们把自由和幸福建立在"新型的掠夺"上面,极尽所能向广大发展中国家人民"薅羊毛""割韭菜",通过所谓"金融创新""网络信用"等手段大发横财,与传统的劳动伦理大相径庭,也不是现代劳动伦理发展的人间正道。

孙旭博士是我指导的博士研究生,长期以来致力于社会主义核心价值观中的敬业问题研究,《儒家劳动伦理涵养社会主义敬业价值观研究》是其工作后的新作,也是其长期研究该问题深入思考的结果,著作在许多方面呈现出新意。他认为:忠勤思想是儒家劳动伦理的基本内核;自强思想是儒家劳动伦理的精神品格;己立立人是儒家劳动伦理体系的奉献意蕴;敬业价值观具有历史性;社会主义敬业价值观具有三种层次;社会主义敬业价值观分为四个阶段;"德福一致"在敬业价值观培育中具有重要作用;"特殊福报"来自领导的关怀与注目;"给人应得"是制度正义的灵魂;"领导带头"与政绩业绩有同等重要的考核价值,等等。他提出:纪律规范是敬业价值观涵养的方圆之道;德福一致是敬业价值观涵养的基本要求;制度正义是敬业价值观涵养的根本保障;领导带头是敬业价值观涵养的关键所在,等等,一系列新见解。因而,力荐有关部门和研究该领域的同志认真读一读这部专著,从中一定会获得启发和裨益。

"东风燕子穿花雨,落日渔郎隔岸歌。"受孙旭博士之托为本书作序,惶惶然不知写什么好,最终是把个人对劳动伦理不成熟的观点借题予以发挥,是为序。

2022 年 5 月 1 日

南开大学津南区校园

目　录

导　论

　　伊壁鸠鲁曾说,幸福生活是我们天生的最高的善。这几乎是一个毫无争议的真理,只不过在如何实现最高善的问题上,历史上有着不同的甚至截然相反的理解。在西方文化传统的理解中,在人的世界之外的更高存在者决定了人的幸福和人的价值,幸福是上帝的恩赐,行善且侍奉上帝者必有福报,得幸福;行恶且忤逆上帝者必有恶报,得厄运。可这毕竟是神的目的而不是人的目的,神的目的只能使神快乐,而不是人的幸福。对于人,生活自身的命运才是实现幸福的关键。神学把实现人的幸福问题引入歧途,始终没能表达人如何实现生活自身的意义。正是在这个意义上,欧洲启蒙思想家们特别是马克思和恩格斯以各自的方式对上帝展开了猛烈的抨击。马克思发现,人是世界中的一种存在,这一点意味着人不是神,人的存在受制于世界的存在,人的幸福也要受制于世界的法则,而非神的懿旨。于是任何一个关乎幸福的真理都必须置于世界法则下理解,我们不可能超越世界法则来设想幸福的可能性。

　　马克思告诉我们属于人的幸福超越了生存事实的问题,它是一个关涉生活自由的问题。人们只有通过劳动,才能利用世界法则,使其为我所用,满足自身的需要。但仅仅是满足人本能的需要,还谈不上幸福,因为动物也能够凭借自身的活动,利用世界法则,满足它本能的需要。满足本能层次的需要带来的只是感觉的幸福,却不是幸福的感觉。如果人仅仅活在必然王国,满足自己本能层次的需要,而不能进入自由王国,那就与动物没有什么分别。正如斯宾诺莎所说,一个人的幸福即在于他能够保持他自己的存在。只有通过创造性劳动,在世界法则的束缚下自由的改造世界,人们才能在他的成就中确证自己存在的意义与价值,进而从必然王国飞跃到自由王国,得到属于人的幸福。于是马克思以劳动为切入点,说明了属于人的幸福是通过劳动和工作创造出来,把幸福从遥远的彼岸拉回到人间。

马克思主义既然认为幸福是通过劳动和工作创造出来的,而生产劳动是人们最基本的社会实践活动,那么,从人们的道德生活来看,与生产劳动关系最密切的职业道德就具有重要的地位和作用。当代社会的各种职业,不仅同广大群众的生活、思想息息相关,还同生产经济建设的速度和效益密切相关。正如邓小平所说:"人的因素重要,不是指普通的人,而是指认识到人民自己的利益并为之奋斗有坚定信念的人。"①如果缺乏应有的职业道德,缺乏必要的职业责任心,对自己的本职工作不负责任,就必然会在自己的工作中给他人带来危害,使社会矛盾增加,社会风气败坏。另一面,生产的发展要靠人的素质特别是从业者的职业道德素质,如果他们缺乏职业道德素质,那么将引起产业秩序、行业秩序和职业活动秩序的混乱,资金、设备和技术也就不能在生产中发挥应有的作用。实际上,随着改革开放和社会转型的深入,我国社会生产力水平大幅提高,产业、行业和职业获得充分的发展,产业结构和职业结构变化迅速,各种新兴产业、新兴行业和不计其数的新职业如潮水般的涌现,一些新兴行业的从业者只顾自己谋利而不顾他人和社会的利益,从而出现了一些不良的职业道德现象,同时一些传统行业也出现

---

① 《邓小平文选》(第三卷),人民出版社,1993 年,第 190 页。

了道德滑坡的现象,从业者职业道德水平下降,缺乏敬业价值观,各种道德败坏的现象层出不穷且令人瞠目结舌,引起了公众的普遍不满,这给职业道德及职业道德建设提出了很多新问题、新情况、新要求、新挑战。

人与人之间的道德情感,不但是息息相通的,而且是最容易引起对方的共鸣的。由于社会的各种职业活动都是相互联系的,各种职业之间就必然要发生密切的交往关系,相互影响。如果党员领导干部能够做到夙夜在公、廉洁无私、极端热忱、极端负责,就会对社会上的其他人产生一种特殊的力量。同样的,如果医生能够救死扶伤、大医精诚,尽力解除病人的痛苦的同时又能够抚慰他们的心灵;商业人员都能够以礼待人、热忱相待、服务周到、公平交易、童叟无欺;教师都能够立德树人、为人师表、传道授业;记者都能够忠于事实、主持公道、讴歌正义、不畏强权、揭露邪恶;律师都能够出以公心、仗义执言、据理力争、保守秘密;企业家都能够诚实经营、依法纳税、精工细作、安全生产,那么其他从业者就会从不同方面得到许多道德上的关心和温暖,同时又会把这些关心和温暖传递给他人。只有不同的产业之间、行业之间、职业之间的从业者通过职业道德相互关心、相互教育、相互激励、相互温暖、相互学习,各行各业的风气才会得到净化,职业道德风尚才会提高,创新创造才会获得动力源泉,生产经济建设的速度和效益才会不断地提升。如果全社会、全行业、全职业都坚持职业道德,那么人民群众对美好生活的愿望终将实现,中华民族的伟大复兴也即将到来。可见,以敬业价值观研究为突破口,以提高职业道德为契机,加强职业道德建设,特别是敬业价值观的培育,就能够形成一种强有力的辐射作用和感染作用,从而服务经济社会的平稳有序发展。

敬业价值观的培育应成为职业道德建设的重要内容。"业精于勤,荒于嬉;行成于思,毁于随"。敬业价值观的培育是对一切能够促进人类生存与发展的劳动领域和工作领域而要求的。对劳动和工作及其价值观态度的珍视,就是对人类社会生存和发展根基的珍视。党员干部的为人民服务的精神、科学家的科学探索精神、教师那种春蚕到死丝方尽的宝贵精神,以及广大劳动者的工匠精神等,都是对劳动和工作及其价值观态度珍视的具体体现。一切从事劳动和工作的人们如果不能秉持敬业价值观,那么社会秩序将会混乱不堪。从这个意义上说,敬业价值观的培育应成为职业道德建设的主要内容。从唯物史观的观点来看,没有生产劳动就没有人类社会的进步和人类历史的前进,对此马克思曾指出:"任何一个民族,如果停止劳动,不要说一年,就是几个星期也要灭亡。"换言之,生产劳动的重要性决定了敬业价值观的培育,应成为职业道德建设的主要内容。

关于敬业价值观的培育,当代学者们关注的一个焦点问题首先在于传统儒家伦理能否融入社会主义主流意识形态之中,应该给予它什么样的地位,它对社会主义主流意识形态建设有何种价值。换言之,传统儒家伦理是否能够在培育和践行社会主义核心价值观过程中提供文化的支持作用。这是一个颇具争议的理论问题。随着中国特色社会主义进入新时代,相关争论也不断变换着主题与内容。对于该问题的解答,我们认为任何一个社会的核心价值观的生成及践行,都需要与本民族的历史文化传统相契合,抛弃本民族的历史文化传统,便是割断了自己的精神命脉,只能是无源之水、无本之木。中国共产党人在探索社会主义道路时,便将如何正确对待传统儒家思想和现实思想视为必须把握好的重大课题。毛泽东明确提出"古为今用"的原则;习近平也提出,"要坚持古为今用、以古鉴今,坚持有鉴别的对待、有扬弃的继承……努力实现传统文化的创造性转化、创新性发展的时代任务"。习近平总书记还指出:"优秀传统文化已经成为中华民族的基因,植根在中国人内心,潜移默化影响着中国人的思想方式和行为方式。今天,我们提倡和弘扬社会主义核心价值观,必须从中汲取丰富营养,否则就不会有生命力和影响力。"①中共中央办公厅印发的《关于培育和践行社会主义核心价值观的意见》中明确提出：重视传统文化思想熏陶和文化教育功能，开展优秀传统文化教育普及活动。我们认为，儒家伦理是中华优秀传统文化的表现形态，是凝聚中华民族精神和承载中华民族思想文化的纽带与桥梁。与此同时，儒家伦理中蕴含着丰富的个人修身和社会道德责任的思想观点，构成了中华民族特有的伦理道德文化，能够成为涵养敬业价值观的宝贵资源。

中华民族作为一个智慧和勤劳的民族，素以刻苦耐劳著称于世，而敬业价值观有几千年悠久深厚的历史积淀，被历朝历代统治者和大儒所重视。兢兢业业、业业兢兢、任劳任怨、埋头苦干、尽忠尽职、脚踏实地、勤勤恳恳、克尽职守、不辞劳怨、吃苦耐劳、艰苦奋斗、愚公移山、废寝忘食、精益求精等，都是对优秀的劳动品质和勤劳的劳动人民的赞许和形容。孔子曾强调"居处恭，执事敬，与人忠"，把恭、敬、忠视为仁德的基本要求；把"事思敬"作为对待一切工作的总要求。做事的精义就在于"敬事"。作为中华民族宝贵的文化与历史资源，儒家劳动伦理在涵养社会主义敬业价值观中具有独特的价值与作用。儒家劳动伦理是涵养人们价值观念的宝贵资源和重要途径，它使人们感悟到其中所积淀的历史生命力。儒家劳动伦理承载着民族精神，它是对中国人民历史生活和历史文化的表征。在此意义上，儒家劳动伦理既是人们现实生活与历史生活的纽带，又是人们行动认知与价值观念的桥梁。可见，儒家伦理特别是儒家劳动伦理是我们中华民族重要的精神命脉，凝聚着一代又一代中国人民的智慧和经验，对于涵养社会主义敬业价值观依然具有重要的时代价值，我们非但不能割断自己的精神命脉，还有积极地继承和弘扬。

---

① 《十八大以来重要文献选编》(中)，中央文献出版社，2016年，第5页。

西方社会对于敬业价值观的鲜有直接的研究成果，但他们对于劳动观的研究起步较早，成果较为成熟。西方社会关于劳动观产生、形成与演化问题的研究由来已久。从启蒙运动思想家到现代西方学者，都无一例外地把劳动观建立在各自的学理基础上，从各自的学科视野或学术立场阐释劳动观的产生、形成与演化问题。宗教学坚持"劳动天职论"，他们把劳动与上帝意志联系起来，认为劳动是为了增添上帝的荣耀。唯心主义者则把劳动与抽象的、先验的"良知""情感"联系起来，建立了"劳动良知论"，因而劳动观要带有良心、情感。旧唯物主义者如费尔巴哈则把劳动与抽象的人性联系起来，建立了"劳动人性论"，因而劳动观问题属于人性论问题。达尔文主义者把劳动与动物本能、生物进化联系起来，建立了"劳动进化论"，因而劳动关的产生、形成与演化与人的进化是一致的。古典政治经济学派如亚当·斯密、西斯蒙迪等人坚持"劳动诅咒论"，他们把劳动与人的幸福联系起来，认为人天生就讨厌劳动，人们在劳动中无法获得自由和幸福，因而人们对待职业的观点和看法始终要带有一种"合法的偏见"。

西欧古代社会和资本主义社会对劳动观的认识有很大的差别。诸多学者的研究表明，西方社会长久以来就有蔑视生产劳动的传统。一些学者认为，在奴隶制社会生产劳动就被人视为低贱的活动[1]，劳作无非是一种诅咒[2]，劳作是一种负担[3]，劳动是来自上帝的惩罚[4]。而这种认识广泛流传于西欧古代社会，被人们普遍认可。就连亚里士多德这样的思想家也持有同样的观点，他认为统治者天生就适合做主人，其职责就是管理国家，而被统

---

[1] See R. Kraus, *Recreation and Leisure in Modern Society*, Harper Collins press, 1990: 49.

[2] See C. Mosse, *The Ancient World at Work*, W. W. Norton. Co press, 1969: 113.

[3] 参见［德］于尔根·科卡：《欧洲历史中劳动问题的研究》，李丽娜译，《山东社会科学》，2006 年第 9 期。

[4] 参见"和合译本"圣经·创世纪·第三章。

治者天生就适合用身体去劳作,而且他们天生就是奴隶。① 于是亚里士多德将人类的全部职业劳动划分为理论的、实践的和创制的三种基本方式,规定了三种活动的等级、内容和特征,比如理论的活动其对象是永恒的真理,创制的和实践的活动则是流变的现象;理论的活动是高等级的活动,创制的活动是低等级的活动;实践的活动属于自由的活动,创制的活动属于不自由的活动。② 柏拉图则根据生活在城邦中统治者和自由民的等级,把劳动观相应的划分为四个种类,即智慧的、勇敢的、节制的和正义的,其中统治者应该做到智慧,努力学习治理国家;武士应该做到勇敢;商贾和匠人应该做到节制;正义则是对所有从事职业劳动的劳动者的共同要求,即所有劳动者都要各行其是,恪尽职守。③

随着工业革命的蓬勃发展以及资本主义生产方式的逐步确立,西方社会对待职业劳动的态度才逐渐发生根本性的改变。一些学者认为,这种变化首先反映在基督教新教伦理上④,新教伦理强调职业劳动不仅不是低贱的,而且是必要的、能够增添上帝荣耀的活动。有学者指出,现代社会普遍把职业劳动视为最重要的财富来源,把劳动赞颂为所有价值的源泉。⑤ 有学者指出,当今美国等发达资本主义国家经过多年的发展,形成了一种适合于资本主义生产关系的劳动观,如人生的信仰就是职业本身,生命的价值在于

---

① 参见[古希腊]亚里士多德:《政治学》,吴寿彭译,商务印书馆,1995 年,第 1 页。
② 参见[古希腊]亚里士多德:《尼各马可伦理学》,苗力田译,中国人民大学出版社,2003 年,第 121～122 页。
③ 参见[古希腊]柏拉图:《理想国》,商务印书馆,1986 年,第 144 页。
④ 参见[英]克里斯托弗·道森:《宗教与西方文化的兴起》,长川某译,四川人民出版社,1989 年,第 45 页。
⑤ 参见[德]汉娜·阿伦特:《人的境况》,王寅丽译,上海人民出版社,2009 年,第 63 页。

职业,热忱是工作的灵魂,时间就是金钱,效率就是生命。① 富兰克林对美国劳动观产生很深远的影响,其精髓就是强调实用主义,比如在职业劳动中要谈利益而不要空讲道理等。② 但是资本主义社会下,人们对待职业劳动完全出自他们的利己之心。③

启蒙运动以来,有诸多学者研究了资本主义社会职业道德危机的表现及成因问题。傅立叶认为,资本主义社会人与社会之间的关系决定了他们的职业活动,使人心不古、职业道德沦丧,他举例说在资本主义社会医生盼望着同胞们快点生病;律师则盼望各种纠纷、刑事案件多发频发以便为人们打官司;房地产商希望城市发生火灾,把大楼都烧毁;玻璃工人则盼望来一场大冰雹把玻璃打碎;服装商则希望降低衣服鞋子的质量,好让人们经常来买新装。④ 恩格斯把现代资本主义国家中人与人之间的关系比作"社会战争",每个人都只顾自己并为了自己的利益而反对其他人的利益。这表明一切职业劳动的根本目的都是为了增进个人利益。马克思也表明,从根本上看,资本主义社会,任何一个劳动者都把财富看作是至高无上的上帝,任何一个企业家都是利益的"吸血鬼"。列宁也批判说,资本主义社会的诸多职业都是为资本主义企业和富人提供发财、消遣的工具。⑤

那么,如何培育职业精神?西方学者在职业精神培育方面有一个共同的认知,那就是职业精神作为一种道德精神不是职业理性的对象,而是感性的对象,因此要重视职业道德体验和职业道德经验的作用。有学者认为,职

---

① 参见[美]罗宾斯:《敬业:美国员工职业精神培训手册》,曼丽译,世界图书出版公司,2004 年,第 9 页。

② 参见[美]本杰明·富兰克林:《穷查理年鉴:财富之路》,林可欣译,上海远东出版社,2002 年,第 14 页。

③ 参见[英]亚当·斯密:《国民财富的性质和原因的研究》(上卷),郭大力、王亚南译,商务印书馆,1983 年,第 13~14 页。

④ 参见《傅立叶选集》(第 1 卷),商务印书馆,1979 年,第 122 页。

⑤ 参见《列宁全集》(第 40 卷),人民出版社,1986 年,第 335 页。

业道德发展与道德认知、职业道德经验的不断增长同步。① 有学者认为,任何道德的培育,包括职业道德的培育在最初都要经过他律的手段即从外面接受命令的方式。② 有学者认为,道德纪律与道德规范具有认识论上的意义,它让人们知道、辨识道德的模样,他同时指出道德具有超经验的神圣性,只有把职业道德的基本原则变成具有神圣起源的律条时,才能迫使人们尊重它。③

西方学者还认为,职业精神的培养还必须使个体内在的理论理性精神与实践理性精神的统一。道德精神的培育实质上就是在探讨人们对善的占有④,而只有使个体内在的理论理性的精神与实践理性的精神相统一,人们才能真正占有善。⑤ 有学者指出,占有善固然是重要的,但更为重要的是通过正当的理性程序占有善,否则人的情感就无法被激发,道德精神也就无法被培育。⑥ 这种理性程序就是正义,不正义的制度将会摧毁一切高尚的精神⑦,在这个意义上有学者认为制度正义就是"第一美德"⑧,因为在正义的

① 参见[美]柯尔伯格:《道德教育的哲学》,魏贤超、柯森译,浙江教育出版社,2000年,第8页。

② 参见[瑞士]皮亚杰:《儿童的道德判断》,傅统先、陆有铨译,山东教育出版社,1984年,第120～121页。

③ 参见[法]涂尔干:《职业伦理与公民道德》,渠敬东译,商务印书馆,2015年,第15～16页。

④ 参见[德]康德:《实践理性批判》,邓晓芒译,商务印书馆,2003年,第152页。

⑤ 参见[美]约翰·罗尔斯:《正义论》,何怀宏译,中国社会科学出版社,1998年,第100～108页。

⑥ 参见[法]爱弥尔·涂尔干:《道德教育》,陈光金、沈杰、朱谐汉等译,上海人民出版社,2001年,第93页。

⑦ 参见[英]亚当·斯密:《道德情操论》,蒋自强译,商务印书馆,1997年,第106页。

⑧ Rawls John, *A Theory of Justice*, The Belknap Press of Harvard University Press, 1971:3－4.

制度下,无论工作本身是多么索然无味,它就会变得可以忍受。①

总的来说,西方学者对职业精神培育认识的深刻,其方法和角度也比较独特,虽然他们的经验不能完全适用于当代中国敬业价值观的培育,但他们对职业道德体验和职业道德经验的重视是正确的。

近些年来,国内理论界开始关注敬业价值观的培育问题。一些研究成果专注于当代社会各行各业、各群体的敬业问题或劳动观问题,其中一些成果或研究青年劳动观现状②,或研究某个行业职业的劳动观现状,或研究在校大学生劳动观现状,或研究敬业价值观教育的现状。有学者从思想政治教育的角度研究劳动观及敬业价值观培育问题,认为其与世界观、人生观、价值观有关,因而劳动观及敬业价值观培育应属于思想政治教育学科研究的对象。③上述成果使劳动观及敬业价值观培育成为职业道德领域内的一个新问题,并且在一定程度上积累了相关研究的成果。

也有学者发现,改革开放与社会转型对当代社会劳动观及敬业价值观培育产生影响。学界普遍认为,从相对封闭到全面开放,从计划经济到市场经济,从农业社会转变为工业社会,从农村社会转变为城镇社会,从伦理社会转变为法治社会,是中国社会转型的主要内容。所谓法理社会,是指在社会治理方面,有完善的,全面的法律来制衡社会各阶层的矛盾,并以法律作为国家和社会的管理手段;在社会关系方面,人与人之间的关系逐渐由传统伦理关系向新型法理关系转变。其中有学者认为,改革开放与社会转型就是中国社会从相对封闭走向全面开放,从农业社会走向工业社会,从农村社

---

① 参见[英]罗素:《罗素论幸福人生》,桑国宽译,世界知识出版社,2007年,第75~76页。

② 参见周石:《80后员工"职业观"分析》,《管理世界》,2009年第4期。

③ 参见神彦飞、赵健:《论职业观教育的思想政治教育学科归属》,《思想理论教育导刊》,2016年第10期。

会走向城镇社会。① 有学者认为,这一时期就是中国社会从计划经济走向市场经济的过程,它改变了社会生产关系的状况,打破了高度集中的计划经济体制,使单一公有制成为过去。② 有学者认为,这一时期是我国实现现代化的必经之路,对中国社会发展和历史进程的影响深远。有学者认为,这一时期使中国从伦理社会向法理社会转型。③而改革开放与社会转型的一个最重要的结果就是改变了人们的价值观念。有学者认为,改革开放与社会转型是全方位的、迅速的、复杂的,涉及社会生活的各个领域、全国各个地区,既包括器物层面,还包括制度层面和文化价值观念层面。④ 有学者以独特的角度提出,改革开放与社会转型在一定意义上就是中国从伦理社会向法理社会的转型,在这个过程中整个社会在价值观念领域和社会生活领域的变化是史无前例的。⑤ 上述两位学者的见解使我们意识到,中国的社会转型不仅是一场深刻而复杂的社会变革,它还是一场深刻而复杂的伦理道德与价值观变革,而后者不能不为职业道德,特别是敬业价值观的内涵转换及培育产生巨大的影响。

改革开放与社会转型必然带来产业结构、职业结构、社会阶层的变化,而这些变化必然对劳动观及敬业价值观培育产生一定的影响。在广义上,社会转型表明社会结构的重大变化,即由生产关系的变革导致的中国社会

———————

① 参见郑杭生、李强、李路路等:《当代中国社会结构和社会关系研究》,首都师范大学出版社,1997 年,第 19 页。

② 参见徐俊达:《中国社会主义社会形态论:马克思主义社会形态学说与社会主义初级阶段理论研究》,学习出版社,2006 年,第 211 页。

③ 这是李培林先生在《"另一只看不见的手":社会结构转型、发展战略及企业组织创新》中的观点,属于他独创的发现。参见袁方:《中国社会结构转型》,中国社会出版社,1999 年,第 35 ~ 40 页。

④ 参见许纪霖、陈达凯:《中国现代化史》(第一卷,1800—1949),上海三联书店出版社,1995 年,第 2 页。

⑤ 参见郑杭生:《改革开放三十年:社会发展理论和社会转型理论》,《中国社会科学》,2009 年第 2 期。

内部产业结构、经济结构及职业结构的变化。在这个意义上，社会转型的主体应该是社会结构；但在狭义上，社会转型的意义应是人的价值取向与目的，社会转型表明的社会生活的重大变化，其根本目的应该是从事现实历史活动的实践的人，它使人的能动性、主体性获得提高，在这个意义上，社会转型的主体应该是人。从现实上看，中国的社会转型确实改变了人们的职业生活和职业道德观念，社会转型时期人们的职业道德观念发生了重大的变化。有学者认为，社会转型时期社会所呈现出空前的开放性动摇了人们的献身精神，过去在人们看来，大公无私和为国家为社会献身是一种莫大的荣誉，敬业价值观很大程度上体现为劳动者愿为职业而献身的行为信念，但随着社会转型的深入，这样的信念逐渐被"自我设计，自我实现"等观念所替代。[1] 因此，社会转型在一定意义上也对人们的职业劳动作风产生了重大的影响。

本书旨在以儒家劳动伦理与社会主义敬业价值观的关系为考察对象，以辩证唯物主义和历史唯物主义为指导思想，结合马克思主义哲学、马克思主义伦理学、马克思主义中国化等学科视域及其理论视野，探讨儒家劳动伦理涵养社会主义敬业价值观的价值及其具体的实践路径。本书的结构安排如下：

第一部分为导论，阐述了本书研究的缘起，研究的意义，研究的现状，研究的思路及章节安排。

第二部分主要阐述了劳动、劳动伦理与敬业价值观相关概念及理论。首先是对劳动概念进行多视角分析，其次对劳动的形态及特点进行阐述，再次对作为伦理向度的劳动加以阐述，提出劳动伦理的概念，最后对敬业和敬业价值观的内涵加以阐述。

---

[1]　参见王泽应：《论敬业价值观》，《中南林业科技大学学报》，2007 年第 9 期。

　　第三部分主要阐述了儒家劳动伦理的现代疏解。在中国几千年的传统社会，宗族和宗法在某意义上成为整个封建社会盘根错节关系的根，封建社会的政治、经济、文化、制度都是必须由宗族和宗法加以维系。中国传统的宗法等级制社会对儒家劳动伦理的形成发展产生了决定性的影响，造成儒家劳动伦理与宗法关系紧密结合的特点，以及与政治紧密结合的特点。儒家劳动伦理主要包含自强思想、忠勤思想、己立立人思想三大内容构成，该内容蕴含着丰富的个人修身和社会道德责任的思想观点，不仅构成了中华民族特有的伦理道德文化，而且成为涵养敬业价值观的宝贵资源。从儒家的自强思想到现代功利伦理，从儒家的忠勤思想到现代的集体主义伦理，从儒家的己立立人思想到现代奉献伦理，对于涵养社会主义敬业价值观依然具有重要的时代价值和现代意义。

　　第四部分主要社会主义敬业价值观的传统、本质及涵养目标。社会主义敬业价值观发轫于资本主义社会，形成于社会主义建设时期，发展于社会主义改革开放新时期。随着知识经济时代的到来，劳动的创造性或者创新性工作日益成为评价敬业的重要尺度，与此相对应，"创新"成为社会主义敬业价值观的本质特征。而这一特征又规定了社会主义敬业价值观的涵养目标要求和层次阶段。

　　第五部分主要阐述了儒家劳动伦理涵养社会主义敬业价值观的路径。劳动者只有获得良好的道德感知与体验，才能确证敬业精神的道德经验，社会主义敬业价值观才能够油然而生。因此，本书主要从纪律规范、德福一致、制度正义、领导带头等四个方面论述了如何让劳动者获得良好的道德感知与体验，如何培育和弘扬社会主义敬业价值观。

第一章
劳动、劳动伦理与敬业价值观

　　敬业是职业劳动的道德精神与行为方式,而敬业价值观就是对敬业的价值认同与观念把握。敬业中的"业",就其表面意思来说是指"职业""事业"等。从日常生活的意义上,"业"就是人们的职业劳动。马克思说:"任何一个民族,如果停止劳动,不用说一年,就是几个星期,也要灭亡,这是每一个小孩子都知道的。"①作为人类生活的基础,劳动是很多学科关注的重要概念之一。无论经济学、政治学,还是哲学,劳动都属于核心概念,但不同的学科对劳动的理解是不尽相同的。研究劳动问题在一定程度上要综合多种学科的研究成果。而作为一种生存方式,劳动关涉的不仅是人类与自然的关系,还关涉人类与社会关系、人类与自身的关系。这就更需要我们从上面三种关系出发对劳动加以研究。作为一种存在方式,劳动不仅创造了物质财富,还创造了属人的尊严和价值。换言之,劳动甚至超越了谋生的意义应成为人类自由生活的目的。因此研究敬业问题必须追溯到职业劳动的源头,必须从人类的劳动开始。

―――――――――

　　①　《马克思恩格斯全集》(第 32 卷),人民出版社,1974 年,第 540 页。

第一节　劳动概念的多视角分析

"劳动是一切幸福的源泉。"①劳动不仅创造物质财富,还使人获得道德上和精神上的发展。作为人类生活的基础,劳动是很多学科关注的重要概念之一。劳动既是经济学的核心概念,古典经济学认为劳动是财富创造之父,是财富的源泉;西方经济学认为,劳动是人类从事的有目的的经济活动,包含脑力劳动和体力劳动,它是一种生产过程中的作用于客观对象的力量。古典政治经济学家从价值与使用价值的意义上赋予劳动的涵义。马克思主义则把劳动从哲学范畴、经济学范畴转化成科学的范畴。可见,由于不同学科对劳动的分析角度不同,造成不同学科对劳动的理解也存在不同。

一、劳动的经济学含义

劳动是经济学的核心概念。西尼尔、杰文斯和马歇尔等对"劳动"下了比较明确的定义。西尼尔认为:"劳动是为了生产的目的、在体力与脑力方面的自觉努力。"②杰文斯把劳动定义为:"心或身所忍受的任何含有痛苦的

① 习近平:《在全国劳动模范和先进工作者表彰大会上的讲话》,人民出版社,2020年,第5页。
② [英]西尼尔:《政治经济学大纲》,彭逸林等译,商务印书馆,1977年,第92页。

努力,而以未来利益为全部目的或一部分目的者。"①马歇尔认为,劳动"不是为了直接从工作之中取得欢乐,而完全或部分地是为了某种良好的目的而进行的脑力或体力支出"②。

古典经济学认为,劳动是财富创造之父,是财富的源泉。亚当·斯密把劳动视为财富创造的根本原则,他指出:"一国国民每年的劳动,本来就是供给他们每年消费的一切生活必需品和便利品的源泉。"③此外,亚当·斯密还区分了生产劳动与非生产劳动的概念,他认为劳动的有用性不是判断生产劳动与非生产劳动的根本依据,而是应该看劳动的对象与内容。具体来说,只有创造价值的且能够带来利润的雇佣劳动才属于生产劳动,那些能够创造价值但不能带来利润的雇佣劳动,或者创造价值且能够带来利润的非雇佣劳动,都属于非生产劳动。生产劳动是生产商品的劳动,非生产劳动相对不固定,不能生产商品。由此看来,亚当·斯密主要从劳动的社会性和劳动的产物上来区分生产劳动与非生产劳动。马克思曾评价说:"亚当·斯密对一切问题的见解都具有二重性,他在区分生产劳动和非生产劳动时给生产劳动所下的定义也是如此。"④也有古典经济学家认为,劳动是财富创造之父,但没有生产资料、劳动资料,没有劳动对象,劳动也是无法创造财富的。因而劳动是财富创造之父,土地是财富创造之母。沙·加尼尔甚至认为"整个世界都弥漫着劳动的恩惠"⑤。马克思对此评价指出,具有洞察力的经济

---

① [英]威廉·斯坦利·杰文斯:《政治经济学理论》,郭大力译,商务印书馆,1984年,第133页。

② [英]马歇尔:《经济学原理》(上卷),朱志泰等译,商务印书馆,1964年,第84页。

③ [英]亚当·斯密:《国民财富的性质和原因的研究》(上卷),郭大力等译,商务印书馆,1974年,第1页。

④ 《马克思恩格斯全集》(第33卷),人民出版社,2004年,第136页。

⑤ [英]约·雷·麦克库洛赫:《政治经济学原理》,郭家麟译,商务印书馆,1975年,第72页。

学家都将其视为财富的本质。

西方经济学认为,劳动是人类从事的有目的的经济活动,包含脑力劳动和体力劳动,它是一种生产过程中的作用于客观对象的力量,是人与自然之间的物质交换过程。西方经济学对劳动的研究,包括对提高劳动者生产效率的研究、生产工具革新的研究、生产工艺的改造研究等内容。由于人的劳动千变万化,劳动类型多种多样,劳动质量各有不同,因而分析劳动的生产效率更为关键。相对于劳动作用力本身,西方经济学家更关注劳动力的承载者——劳动者。因为提高劳动者的能动性和生产效率才是促进现代经济发展的根本,劳动者已经成为现代经济的增长中最活跃的要素。

西方经济学仍然不善于区分劳动与劳动力两种概念。萨缪尔森认为,把劳动当作一种生产要素加以对待是西方经济学家惯常的做法,他们往往重视对作为生产要素的劳动的研究,而鲜有人重视其具体内涵,这也是他们不善于区分劳动力与劳动两种概念的重要体现①。萨缪尔森指出,劳动的本质是人的能动性和创造性,它是人有目的的运用自然力来服务他人的能力,而劳动力则是"劳动质量",他举例说明:"劳动是由人们花费在生产过程中的时间和精力——在汽车制造厂上班,在土地上耕地,在学校里上学,或制作比萨饼——所组成的。对于一个发达工业化国家来说,劳动曾是最熟悉和最重要的生产要素。"②又例如,在《新不列颠百科全书》中,人的劳动能力是与人的劳动活动混为一谈的。③

---

① 参见[美]保罗·萨缪尔森:《经济学》,萧琛等译,华夏出版社,1999年,第185～187页。

② 同上,第570～571页。

③ 参见《新不列颠百科全书》(第7卷),中国大百科全书出版社,1985年,第283页。

二、劳动的政治经济学含义

古典政治经济学家从价值与使用价值的意义上赋予劳动的含义。威廉·配第认为,劳动不一定能产生交换价值,只有特定类型的劳动才能产生交换价值。包括威廉·配第在内的古典政治经济学家把劳动划分为创造价值的劳动与创造使用价值的劳动,为马克思主义政治经济学研究劳动提供了思想资源。法国政治经济学家让·巴蒂斯特·萨伊认为,劳动即是"役使自然力"。萨伊将劳动细分为理论的劳动、管理的劳动、生产的劳动三种类型。例如科学家的科学研究工作就术语理论劳动,资本家的工厂经营活动就属于管理劳动,矿工的开采矿石就属于生产劳动。萨伊也把劳动划分为物质性的生产劳动与非生产性劳动,其中扩大效用且能够增加产品价值的劳动属于物质性的生产劳动。[①] 这表明,萨伊修正了亚当·斯密在非生产劳动上的观点,把劳动的概念扩展到服务性的劳动。但是,无论是威廉·配第,还是让·巴蒂斯特·萨伊,古典政治经济学家由于受到历史条件的限制,不能把创造价值的劳动与创造使用价值的劳动严格的、清晰的区别开来,以至于他们把特殊的具体的劳动当作创造使用价值的劳动加以对待。

古典经济学、西方经济学把劳动当作劳动力看待,并且重视劳动生产率研究。而马克思主义政治经济学则从劳动的社会关系入手考察和研究劳动,并且重视劳动价值的研究。马克思主义政治经济学认为,生产、分配、交换、消费是社会生产总过程,其中人的要素作为生产的主导性要素占有非常重要地位。恩格斯指出:"生产过程、劳动过程,有一个主动的源泉,有一个整个运动的原因,就是劳动力。"[②]但对于劳动的本质,马克思主义政治经济

---

① 参见[法]萨伊:《政治经济学概论》,商务印书馆,1963 年,第 129 页。
② 《马克思恩格斯全集》(第 13 卷),人民出版社,1979 年,第 8~9 页。

学认为,劳动即是人们在生产过程中形成的彼此关系,因而劳动的本质关系即是劳动者同生产的关系。劳动者从事生产活动的过程也就是劳动力的消费过程,它是那种最简单、最原始的生产劳动关系的抽象的表现。① 列宁认为:"作为政治经济学的特定范畴的不是劳动,而只是劳动的社会形式,劳动的社会结构,换言之,是人们参加社会劳动方面彼此的关系。"②在列宁的意义上,古典经济学是以考察劳动的自然方面为主要内容,强调劳动对自然的能动的作用力,突出了劳动过程中的人与自然关系。马克思主义政治经济学则是以考察劳动的社会方面为主要内容,强调劳动过程中人与人之间的关系。考察劳动的社会方面的内容,与劳动的社会学含义较为接近。社会学对劳动的研究主要关注人与人之间的劳动交往过程,它更侧重劳动过程的社会价值。

三、劳动的马克思主义含义

劳动这一概念在马克思的著作里含义十分丰富和多样。马克思不仅使用过"自由劳动""物质劳动"和"雇佣劳动"的概念,而且认为劳动是人的对象化活动,劳动创造了人本身,劳动是人的社会化活动。但总的来说,马克思主要从哲学的意义上和政治经济学的意义上使用劳动的概念。

第一,劳动是人的对象化活动。马克思曾把劳动看作是"劳动力的消费过程"③,即"以这种或那种形式占有自然物的有目的的活动"④。马克思还把劳动"看作生命活动和状态的对象化,看成一种人类活动的基本理论或社

---

① 参见《马克思恩格斯选集》(第 2 卷),人民出版社,1995 年,第 106 页。
② 《列宁全集》(第 6 卷),人民出版社,1959 年,第 234 页。
③ 《马克思恩格斯全集》(第 23 卷),人民出版社,1972 年,第 199 页。
④ 《马克思恩格斯全集》(第 31 卷),人民出版社,1998 年,第 429 页。

会生活本体论的组成部分"①。

第二,劳动还是人的本质。恩格斯是"劳动创造了人本身"观点的支持者,他指出:劳动"是整个人类生活的第一个基本条件,而且达到这样的程度,以致我们在某种意义上不得不说:劳动创造了人本身"②。在社会主义和共产主义社会条件下,劳动异己化的社会根源将被消除,人不仅将处于自由自觉的劳动状态,而且劳动成为人的第一需要。

第三,劳动是人的社会化的活动。所谓人的社会化活动,表达了人们在参加社会劳动中的相互关系,主要是从劳动的社会形式、劳动的社会结构上加以考察的结论。列宁认为,劳动是一种社会关系,"是人们在参加社会劳动中的相互关系"③。劳动是区别人的活动与动物的活动的根本标志。实际上,古希腊哲学家亚里士多德是最早系统阐述人类劳动与动物活动存在根本区别的思想家。亚里士多德认为,人类劳动是一种"理性劳动"。与动物本能的活动不同,人的劳动属于人是有目的的、自觉的活动,是社会性的活动。劳动是人类区别于其他一切动物的根本标志。在马克思主义看来,动物本能的活动结果只同它们自己的生存发生关系,而人有目的的社会性活动结果则同他人的生存和发展发生关系。生产劳动的过程也是人劳动的社会化过程,它使人摆脱了个体存在的限制,每个人在为自己从事生产劳动的同时也在为其他人服务,因而劳动是人的社会化活动。

从劳动概念的哲学意蕴到经济学意蕴,再到作为科学的劳动概念,劳动含义不断得到丰富。马克思立足人的自由本性,将劳动视为人自我生成的过程。马克思早年在《1844年经济学哲学手稿》中指出:"劳动是人在外化

---

① [匈]卢卡奇:《历史与阶级意识》,杜章智等译,商务印书馆,1995年,第137~138页。

② 《马克思恩格斯全集》(第20卷),人民出版社,1971年,第509页。

③ 《列宁全集》(第7卷),人民出版社,1986年,第31页。

范围之内的或者作为外化的人的自为的生成。"①但是在资本主义原始积累阶段,劳动工人在资本主义剥削制度和雇佣制度下受到非人的待遇,本应促进劳动工人发展的劳动却成为一种异己的力量,遭到劳动工人的抛弃。到了《德意志意识形态》,马克思则赋予劳动概念以"感性活动""物质生活生产""感性劳动"等内涵。从事物质生产资料和生活资料生产的劳动被马克思视为历史唯物主义的理论起点。马克思指出:人类"第一个历史活动就是生产满足这些需要的资料,即生产物质生活本身"②。马克思在《德意志意识形态》中所使用的劳动概念,已经不再局限于哲学上的意义,而是大量使用"物质劳动"去说明劳动对于人类社会发展的作用和价值。劳动不再是人的对象化活动,而是满足人们生存和发展需要的活动。到了《哲学的贫困》和《共产党宣言》,马克思基本不再使用劳动异化这种带有浓厚哲学意蕴的概念,转而使用"雇佣劳动"来揭示资本主义生产关系下的劳动形式,剖析资本主义制度下劳动者与资本家之间、雇佣劳动与资本之间的辩证关系。到了《资本论》和《1857—1858年经济学手稿》,马克思完成了劳动概念科学意义上的架构。马克思指出:雇佣劳动就是生产资本的劳动,就是活劳动,它"不但把它作为活动来实现时所需要的那些对象条件,而且还把它作为劳动能力存在时所需要的那些客观要素,都作为同它自己相对立的异己的权力生产出来,作为自为存在的、不以它为转移的价值生产出来"③。此时,马克思已经认识到雇佣劳动是资本主义生产关系下特有的社会现象。劳动工人由于不占有生产资料,劳动者为了谋生不得不出卖自己的劳动力,成为资本家的雇佣工人。而资本家为了追求资本的增值,不断吸吮雇佣工人的活劳动,从其身上榨取剩余价值。从早期人的自由本性与劳动相分离,到自主性

---

① 《马克思恩格斯文集》(第一卷),人民出版社,2009年,第205页。
② 同上,第531页。
③ 《马克思恩格斯全集》(第30卷),人民出版社,1995年,第455~456页。

活动与物质劳动相分离,再到《资本论》时期的生产资料所有权与生产劳动相分离,马克思从科学意义上解释了劳动的含义。

第二节　劳动的形态及特点

劳动是专属于人的有目的的、自觉的活动,同时也是能动的活动、创造性的活动、自由的活动和社会性的活动。而作为哲学和政治经济学意义上的劳动形态,主要包括劳动的潜在形态、劳动的流动形态、劳动的物化形态三种基本的具体状态。劳动三种基本的具体状态之间既存在一定的区别,又存在内在的联系。作为科学意义上现代社会的劳动形态,主要包括手工劳动、机器劳动和智能劳动三种基本的具体状态。只有立足科技革命和产业变化带给现代社会劳动的变化,结合现代社会劳动的新形态、新特点、新发展,才能够对劳动伦理做出新的理论概括和总结。

一、劳动的一般特点

马克思曾使用"最初的动物式的本能的劳动形式"与"专属于人的那种形式的劳动"来阐述劳动的特点。人的劳动形式有两种,一种是动物式的劳动,一种则是人的劳动。马克思认为,昆虫等生物的活动属于他们出自本能天性的劳动,即便他们的一些本能的活动令人类感到惭愧。而人类的劳动毕竟高明于这些生物,因为人类具有创造性意识,这使得人类在劳动开始时就能将结果以观念的形式存在着。这种高明的活动即是专属于人的劳动。因此,人的劳动的特点是在与动物活动区分的意义上才得以体现的。那么这种专属于人的劳动与本能的劳动相比,有哪些特点呢? 具体来说:

第一,专属于人的劳动是有目的的、自觉的活动。与动物的活动不同,人的劳动是有目的的活动。动物的活动是本能活动,是动物为求得生存而被动适应环境的结果。每种动物都会根据环境的要求,进化出自己特殊的生存能力,并且通过基因遗传给下一代。从人类进化史上看,人类"在进化的早期可能有的任何本能式的劳动,早已萎缩了"①。当"手和脚的分化,直立行走,于是人就和猿区别开来"②,其中一个重要的体现,即人成为"制造各种合乎标准的工具的人,在自己的头脑中一定已经形成了自己的结果的形象"。动物的劳动与其自身的生命活动是一致的,其谋取生存的、维持生命的活动在很大程度上就是其源自本能的劳动。动物也无法意识到自身存在的这样特点。对人类来说,情况则截然不同。人能够将谋取生存的、维持生命的活动变为自己意识的对象,并且形成一种自觉的意识,因而专属于人的劳动是有目的的、自觉的活动。显然对待劳动的这种自觉的意识,使人的维持生命的活动与动物的维持生命的活动发生根本性的区别。也正因如此,人谋取生存的、维持生命的活动具有实践性,是自由的活动。

第二,专属于人的劳动是能动的活动。动物只有一个尺度。大多数动物直接利用周围的自然界,而不是使自然界适应自己的需要。在这种所谓动物世界里,如在白蚁的社会里,使环境适应于生活需要是在不自觉的、本能的基础上进行的。虽然动物为了维持自己的生命也从事某种意义上的生产,也进行源自本能的劳动。但动物的生产或者源自本能的劳动不会超出

---

① [美]保罗·斯威齐:《劳动与垄断资本》,商务印书馆,1979 年,第 46 页。
② 《马克思恩格斯全集》(第 20 卷),人民出版社,1971 年,第 373 页。

其物种固有尺度的范围,也不会生产出超过自己需要或维持本物种生命需要的程度。与动物不同,人类的生产既能够为维持自己生命的需要进行有目的的、自觉的生产,又能够超出物种固有尺度的范围进行生产。简言之,人类能够按照一切物种的固有尺度进行生产,并且懂得利用这种尺度进行有目的的生产。而且动物不会按照美的规律进行生产,人类则会按照美的规律进行生产。

第三,专属于人的劳动是创造性的活动。动物的活动是一种获得性的活动,因而动物的生产是片面的。与动物不同,人的劳动则是一种创造性活动,通过利用自然规则和自然法则,使自己有目的的、有意识的能动性活动改造客观对象,从而使客观对象能够为我所用。正因如此,人类的生产劳动则相对于动物的获得性活动而言更加全面。另一方面,由于动物的需要相对较为单一,主要是由其物种的内在尺度自然生发,因而动物的活动一般无法超出生存需求的范围。与动物不同,人的需要是多方面的,这就决定了人的生产劳动则更加全面。也就是说,对于人类而言,我们能够超出生存需要之外,在创造更多的物质财富同时,追求精神财富的创造,以满足我们各方面的需求。于是我们可以认为动物只生产自身,而人类在生产整个自然界。

第四,专属于人的劳动是自由的活动。"动物的产品直接同它的肉体相联系,而人则自由地对待自己的产品。"①

第五,专属于人的劳动是社会性的活动。一般来说,动物的活动要严重受到自身生理需要的制约。动物在自身肉体需要的支配下,不仅只生成出特定的需要,而且只能从事自己物种内在尺度所规定的活动。与动物不同,人类的生产劳动则具有社会性。这里所谓的社会性,是指人类可以在不受肉体需要的支配下也能够从事生产劳动。例如,人们可以生产出自己并不

---

① 《马克思恩格斯选集》(第一卷),人民出版社,1995年,第96页。

需要的产品,或者说人们可以为了交换而生产别人需要的产品。这一点使人类的生产劳动变得伟大。人类劳动一开始就具有整体性或相依性,并一直互相交换着各自的劳动,或如费尔巴哈所说:"人们是互相需要的,而且过去一直是互相需要的"①。而动物的谋生活动,一开始就是"各自为战"。即使在一群集体生活的蜜蜂或蚂蚁"家庭"中,它们只生产着同一种东西,也不存在与其他同类相互交换其活动的现象。在不同类的动物中,更不存在相互交换其活动的现象。有谁见过一种动物为另一种动物生产的现象? 或者一种动物为另一种动物"打工"的现象? 一窝蚂蚁实质上只是一只蚂蚁,一窝蜜蜂也只是一只蜜蜂,因为他们的活动是一致的。人的社会性劳动也使劳动具有层次性。以此类推,便会形成多层次性的劳动。

综上所述,劳动的目的性、能动性、创造性、自由性和社会性,是专属于人的劳动的五个特点。诚然,造成专属于人的劳动与动物活动的区别是因为人的生理机能所致。正如布雪弗曼所说,人的大脑赐予人们以思维和语言,而人的生理机构特别是人的大脑各部分相对增加,使得人类能够进行事先经过思考而不是受本能支配的劳动。② 但必须承认的是劳动进化了人的生理结构,人的劳动是思维发展的结果,同时思维的发展也是人劳动的结果,"当他通过这种运动作用于他身外的自然并改变自然时,也就同时改变他自身的自然"③。

二、现代社会的劳动形态及特点

劳动形态就是劳动存在的具体状态。一般来说,作为哲学和政治经济

---

① 《马克思恩格斯选集》(第一卷),人民出版社,1995 年,第 96 页。
② 参见[美]哈里·布雪弗曼:《劳动与垄断资本》,商务印书馆,1973 年,第 49 页。
③ 《马克思恩格斯全集》(第 23 卷),人民出版社,1972 年,第 202 页。

学意义上的劳动形态,主要包括劳动的潜在形态、劳动的流动形态、劳动的物化形态三种基本的具体状态。劳动的潜在形态,是指人的劳动能力,它是一种尚未发挥出作用和价值的或尚未激发出来的劳动。流动形态的劳动,是指劳动过程本身,它是一种正在发挥作用和价值的劳动。流动形态的劳动通常是表现为劳动者在生产过程中,利用劳动资料改造客观对象的体力劳动或脑力劳动。劳动的物化形态,是指凝结在劳动成果上的劳动。一方面,劳动的物化形态是流动形态劳动的物化结果;另一方面,劳动的物化形态是劳动者对他人或社会做出的实际的、有价值的贡献。

劳动三种基本的具体状态之间既存在一定的区别,又存在内在的联系。

首先,劳动的流动形态必须以劳动的潜在状态的实现为根本前提,没有劳动的能力就不会有劳动的流动形态。

其次,劳动的流动状态的最终结果往往以劳动的物化状态为表现。劳动的过程总是劳动者有目的的、能动的改造客观对象的活动,其目的必然是创造出产品或商品。没有劳动的物化状态,劳动的流动状态就会失去价值和意义。

最后,劳动的物化状态又要以劳动的潜在状态和劳动的流动状态为条件。按照马克思的观点,劳动及其过程即是劳动不断地由活动的形式逐渐转变为存在的形式,由运动的形式逐渐转变为物质的形式。马克思指出:"在劳动过程中,劳动不断由动的形式转为存在形式,由运动形式转为物质形式。一小时终了时,纺纱运动就表现为一定量的棉纱,于是一定量的劳动,即一个劳动小时,物化在棉花中。"①

认识和把握劳动三种基本的具体状态,主要是为了考察劳动者在整个生产过程的活动特征,研究他们付出的劳动量及分配到的劳动成果。其中,

---

① 《马克思恩格斯全集》(第 23 卷),人民出版社,1972 年,第 214 页。

研究劳动的潜在形态是为了科学配置劳动力与生产资料,研究劳动的流动状态是为了科学管理劳动过程,而研究劳动的物化形态是为了确认劳动者的实际作用和价值。

随着人类社会大踏步地迈进第四次工业革命时代,人类劳动的对象、内容及形态也发生重大的变化。所谓第四次工业革命,是继以蒸汽技术为代表的第一次工业革命,以电力技术为代表的第二次工业革命,以计算机及信息技术为代表的第三次工业革命后,又一次科学技术革命和产业变革。这场范围更大、层次更深、影响更广的科学技术革命和产业变革,以人工智能技术、新材料技术、生物工程技能、量子信息技术为代表,使人类劳动的对象、内容及形态发生了革命性的变化和拓展。人的思想观念、情感情绪、思维方式,人的感官、身体、行为,人的劳动能力,人与人之间的交往形式,人的知识结构等各个方面或因素都成为劳动作用的对象。[①]

作为科学意义的现代社会的劳动形态,主要包括手工劳动、机器劳动和智能劳动三种基本的具体状态。机器劳动主要是指应由看管工作机器的人来完成辅助工作的劳动形态。机器劳动是以机器工作为中介进行的劳动。在机器劳动中,人的作用主要在于"看管"机器,也就是说机器劳动的主体在理论上依然是人。从历史上看,机器劳动形态的产生与第一次工业革命有密切关联。以蒸汽技术为代表的第一次工业革命,拉开了机器劳动取代手工劳动的序幕,劳动工具主要是以蒸汽冻梨为基础的机器。随着以电力革命为代表的第二次工业革命的到来,机器劳动形态进入了电气化阶段。劳动工具主要是以电力为动力的电动机器和以石油等化学动能的内燃机。机器劳动使流水线生产成为社会生产的重要形式,人与机器、人与人的密切配合成为重要的技术组织形式。在人与人的交往过程中,随着机器劳动形式

---

① 参见赵学清:《劳动与劳动价值新论》,解放军出版社,2002年,第37页。

的进一步发展,人与人的交往形式发生了变化,原有的地域界线和血缘关系逐渐淡化,而业缘关系在生产生活中发挥了越来越重要的作用。智能劳动是以智能技术为基础,通过技术产业化而形成的新的劳动形态。第四次工业革命的深入,使劳动工具开始从机械化向智能化转变。智能劳动运用物联网、大数据、云计算、移动互联网等新兴技术及其装备对劳动诸要素进行深入的、广泛的、持久的改造与提升。智能劳动形态的产生与发展,造成产业部门的剧烈变革,对人的劳动的对象、内容、习惯等产生了深远的影响。如今,智能劳动形态的发展水平也是检验一个国家综合竞争力和科学技术水平的重要指标。

第四次科技革命和产业变革,使从事体力劳动的劳动者减少,以从事脑力劳动和体力脑力双重劳动的劳动者增加。在西方发达资本主义国家,体力劳动者的技术化、知识化、专业化已经成为趋势。邓小平曾指出:"发达的资本主义国家有许多工人的工作就是按电钮,一站好几小时,这既是紧张的、聚精会神的脑力劳动,也是辛苦的体力劳动。要重视知识,重视从事脑力劳动的人,要承认这些人是劳动者。"[①]从劳动的物化形态来看,多种多样的劳动产品层出不穷,过去那种有形的、物质产品和无形的、精神产品的划分已经越来越不能概括劳动的物化形态。

现代社会的劳动特点主要体现在以下三个方面:一是由体力劳动向脑力劳动和体力与脑力的双重劳动的转变。现代社会由于社会分工的高度发展,不仅劳动分工越来越细化,而且劳动分类越来越复杂和多样。现代社会的分工状况造成体力劳动与脑力劳动的界限越来越模糊。二是由简单劳动、重复性劳动向复杂劳动、技术性劳动和创新性劳动的转变。在资本主义原始积累阶段,资本家雇佣工人从事机器劳动,工人成为大工业机器的附庸

---

① 《邓小平文选》(第二卷),人民出版社,1994年,第41页。

和附属物,被资本家当作是会说话的工具。在第四次科技革命和产业变革的背景下,劳动力与土地、资本、技术、信息、设备一同构成重要的生产要素,复杂性劳动特别是技术性劳动和创新性劳动日益成为具有重要帝王的劳动。技术性、创新性劳动日益成为劳动的主要样态。三是,由生产性劳动向服务性、管理性劳动的转变。

现代社会的劳动形态及特点必须引起社会的广泛关注,只有立足科技革命和产业变化带给现代社会劳动的变化,结合现代社会劳动的新形态、新特点、新发展,才能够对劳动伦理做出新的理论概括和总结。

第三节　劳动的伦理向度

马卡连柯曾说过,在我们的社会中,劳动不仅是经济的范畴,而且是道德的范畴。对于劳动伦理来说,大体可以从人与自然、人与社会和人类自身三重角度来理解。从人类劳动与自然的关系角度来看,通过劳动环节的实现,人自身和外部自然之间实现了物质、能量的转换,生产出了有形的物质产品,因而劳动是打通人与自然的中介,它把人类的意义赋予自然界。从人类劳动与社会关系角度来看,如果说劳动阶级的辛勤劳动创造了全社会的物质财富与精神财富,毋宁说劳动阶级的辛勤劳动创造了历史。从人类劳动与人类自身关系角度来看,劳动的过程不仅是自然过程,更重要的是人的社会生存方式,劳动使人的社会本质力量得到实现和张扬,人通过劳动才能够实现自己的人生价值。

一、人类劳动与自然

劳动的过程是双向的,是发生在人和自然之间的互动过程,它既引起自然的变化,又引起人的变化,而这种变化的方向则完全取决于劳动者。因为"劳动过程,是制造使用价值的有目的的活动","同时他还在自然物中实现自己的目的"。① 亚里士多德是探讨人和自然关系的一个开创者,他率先关注人类如何克服自然的支配而掌握自己的命运和自由,自然如何摆脱它和价值无关的命运而进入价值的领域。人在劳动的过程中,要遵循自然规律,让自然按照人的意愿为人类服务。换言之,人类在改造自然的过程中,形成了具有使用价值的物品,即劳动创造了价值。正如威廉·配第的名言所说,劳动是财富之父,土地是财富之母。

劳动在人与自然关系中的伦理意义是通过人与人的关系来实现的。黑格尔在《精神现象学》一书中提出,劳动是打通人与自然的中介,它把人类的意义赋予自然界。人类的所有劳动总是在一定的社会关系、社会结构中才能获得现实性。同时劳动也成为个人与个人、个人与社会之间相互作用的基础和纽带,使人们彼此之间相互依赖、紧密联系,让任何一个个体都无法离开他人而像一座孤岛一样孤立的存在,任何人都必须在彼此之间紧密联系的社会关系中生存和发展。与此同时,劳动在让每一个个体与他人紧密联系的同时,也让人类形成一个真正依赖彼此的命运共同体。在这个意义上,劳动使人们意识到自己是社会中的一员,学会如何在共同体中团结与协作。但竞争现象也是在人们的生产劳动过程中出现的,特别是对生产劳动

---

① 《马克思恩格斯全集》(第23卷),人民出版社,1972年,第208、202页。

成果的分配容易引起人们彼此之间的矛盾。于是作为规范和处理人们之间利益关系之准则，即劳动伦理也就应运而生了。正是在劳动过程中，人们才形成了道德评价的善恶观念和一整套的价值体系，并与其他方面的社会意识相互影响，从而在社会生活中形成大家普遍认可的一般意义上的道德。

通过劳动环节的实现，人自身和外部自然之间实现了物质、能量的转换，生产出了有形的物质产品。劳动不是毁坏自然，而是积极肯定人类自身，它陶冶事物原始的形式，赋予它人类的价值理想和审美形式，由此又使自然成为人的无机身体，成为人化的自然，从而达到人与自然新的和谐。①诚如上文所述，动物只有一个尺度，大多数动物直接利用周围的自然界，而不是使自然界适应自己的需要。在动物世界里，使环境适应于生活需要是在不自觉的、本能的基础上进行的。虽然动物为了维持自己的生命也从事某种意义上的生产，也进行源自本能的劳动。但动物的生产或者源自本能的劳动不会超出其物种固有尺度的范围。与动物不同，人类的生产既能够为维持自己生命的需要进行有目的的、自觉的生产，又能够超出物种固有尺度的范围进行生产，人类能够按照一切物种的固有尺度进行生产，并且懂得按照美的规律进行生产。可以说，劳动是人类生活的一切社会形式所共有的，是人类生活的、永恒的自然条件。劳动是人类社会存在与发展的基础，人类的历史演变离不开劳动。"整个所谓世界历史不外是人通过人的劳动而诞生的过程，是自然界对人来说的生成过程。"②

目前摆在人们面前的一个严峻现实是自然资源的稀缺性和不可再生性。人类在改造自然的过程中，人对自然无节制的索取所造成生态平衡的破坏、资源浪费、环境污染等人与自然方面的危机越来越严重。举个例子：2009年风靡一时的《阿凡达》影片，它的上映在全世界达到了狂热的程度，在

---

① 参见高全喜：《论相互承认的法权》，北京大学出版社，2004年，第171页。
② 《马克思恩格斯全集》（第42卷），人民出版社，1979年，第131页。

国内的票房更是无与伦比,影片除了丰富的想象力、强烈的艺术感染力和视觉震撼力外,更重要的是有着明确的绿色环保和反战意识,具有丰富的伦理色彩,把人类的道德沦丧和对大自然无节制地索取展现出来,势必引起人们(不分国界)的共鸣,人们在享受艺术带来快感的同时,也引起了反思,即要遵循大自然的规律,尊重伦理道德,正确对待和处理人与自然的关系。

20世纪中叶以来,人们开始强烈地意识到人类生存的自然环境正在急剧变化,而这一切都与人类的劳动息息相关。一方面,人类通过劳动对自然的改造越来越深入,人类在人与自然的关系上越来越居于主导地位;另一方面,人类对自然的破坏性也在不断增强,自然越来越受到人类的破坏甚至毁灭。从伦理学的角度来看,这就要求人类在改造自然的过程中,对自然资源的开发利用要适度,在使用中加以保护,在保护中加以使用。人类不仅要考虑眼前利益,更要考虑长远利益,实行可持续发展战略。[①]

在今天,对于任何一个国家,尤其是发展中国家来说,如何在追求经济增长速度、大力发展生产力的同时,有效保护生态环境、实现可持续发展,则成为一项极为重要而又迫切的任务。这不仅要求劳动者有环境保护意识,而且更重要的是要求管理者和决策者要有环境保护意识,采取积极有效的措施实现对自然生态环境的保护,这样才能保证人类社会的可持续发展及人类社会生活的和谐稳定。

二、人类劳动与社会

劳动关系和调节这种劳动关系的劳动伦理都是在社会劳动过程中产生的。作为一种社会意识形态,道德是人与人之间通过行为活动表现出来的

---

① 参见江泽民:《论"三个代表"》,中央文献出版社,2001年,第180页。

一种特殊社会关系,它来源于人的最简单的劳动实践以及由此产生的最简单的社会关系——劳动关系。早在原始社会时期,由于人类生产力水平较低,人们不得不面对残酷的自然环境。为了在恶劣的环境下生存和繁衍,人与人之间初步形成了最简单的团结与协作关系。与此相适应,劳动关系及利益关系、分配关系等最简单的社会关系也逐步形成,人们彼此之间因此而形成氏族共同体。在这种最简单的社会关系和氏族共同体内部,随着生产劳动、生育等自然行为的持续发生,人们又自发形成了较为简单的习惯和习俗,这即是伦理道德的雏形。历史已经证明,这种作为伦理道德雏形的习惯和习俗在社会分工进一步发展的历史条件下,逐渐发展为真正意义上的伦理道德。从这个意义上来看,伦理道德是在社会分工进一步发展的基础上形成的。离开社会分工的进一步发展,无所谓劳动关系,也就无所谓伦理道德。劳动关系又以职业关系为主要内容,职业关系是劳动关系的具体化,同时职业伦理是劳动伦理的具体化。

亚当·斯密在《国富论》中把单纯的体力劳动认定为"唯一的生产力",但在《道德情操论》中又强调了道德在生产中的作用。的确,道德在生产中起到了重要的作用,很难想象离开伦理道德关系,生产劳动将不会得到充分发展,社会财富不会被充分创造。对此,马克思曾明确地指出,精神生产在"广义生产"中是不可或缺的环节,包括道德在内的精神生产直接影响和制约着"狭义生产"的方向。① 事实上,现代生产劳动已经十分明显地表现出物质生产力的形成,有赖于精神力量的积极参与。"没有人的作为'主观生产力'及其观念导向,生产力将是'死的生产力',不能成为'劳动的社会生产

---

① 马克思的生产理论有"狭义生产理论"和"广义生产理论"之分。"狭义生产"是指物质资料的生产;"广义生产"是指包括物质资料的生产、人的生产、精神生产、社会关系的生产在内的整个人类社会的生产和再生产。参见俞吾金:《作为全面生产理论的马克思哲学》,《哲学研究》,2003 年第 8 期。

力'。"①如此看来,道德是活劳动的"主观生产力",是物质生产力的精神支撑和价值灵魂。当然伦理道德对生产劳动的作用不直接,它是以间接、隐性的方式,渗透在生产过程中并物化在活劳动的对象化产物上。②

劳动是人类历史和社会不断前进的绝对条件。人类的历史无外乎是人类有目的地改造客观世界的活动用以满足自身需要的过程,离开了人类的这种改造客观世界的活动,人类的生存和繁衍就变得不可能,人类社会就不可避免地走向消亡。这个道理用马克思的名言来说,"这是每一个小孩子都知道的"事情。而当人类通过生产劳动改造客观世界的同时,也在改造着自己的主观世界,改造自身生存和发展的客观条件,并且创造了自身。这表明,劳动创造了人类社会发展必备的物质条件和精神财富。离开了劳动,人类历史和社会的前进就失去了必要的物质条件和精神条件,人类历史和社会前进就变得不可能。劳动是财富创造之父,土地是财富创造之母;自然界为劳动提供材料,劳动把材料变为财富。因此,人类历史和社会前进的每一步无不渗透着一代又一代人劳动的汗水。

三、人类劳动与人类自身

劳动的过程不仅是自然过程,更重要的是人的社会生存方式。劳动是人类谋生的一种手段,是人类的生存方式,这是劳动最基本的意义。与此同时,劳动使人的社会本质力量得到实现和张扬,人通过劳动才能够实现自己的人生价值。因为人生是所有资源中最为短缺的资源,这就促使人类力求独立支配个人时间和拥有更多使用时间的自主权,希望自主支配时间来实现自身价值。人类通过劳动满足了物质的需求,但仅仅有物质的满足是不

---

① 王小锡:《再谈"道德是动力生产力"》,《江苏社会科学》,1998 年第 3 期。
② 参见王小锡:《论道德的经济价值》,《中国社会科学》,2011 年第 4 期。

够的,人类还希望有精神上的满足,实现人自由全面的发展。

关于人自由全面发展的思想,是马克思在《1844年经济学哲学手稿》一直到《资本论》问世的过程中逐步形成的。他首先从个体人的角度来说明人的全面发展,他把人的本质理解为"自由自觉的活动"。当然在人类社会现有的生产力水平的条件下,以及人类社会形态及其发展道路的现有历史条件下,个体通过生产劳动实现人的自由本质,或者使得生产劳动成为个体的自由自觉的活动,是不可能的。人的"类特性"固然是一种自由自觉的活动,但这种"类特性"的实现是有条件的。这表明,在有阶级社会中实现自由自觉的劳动存在一定的理想性。但马克思毕竟提出了人的本质应是自由自觉活动的重大命题。在从个体人的角度来说明人的全面发展后,马克思从集体的角度或者说从社会的角度来说明人的全面发展。马克思认为,个体的自由自觉的活动或者个体的自由而全面的发展,必然要建立在他人自由自觉的活动或者自由而全面的发展的基础之上,因为每个个体的自由自觉本质实现与社会全体成员的自由自觉本质实现互为前提。正如马克思所言:"每个人的自由发展是一切人的自由发展的条件。"[①]最后马克思断言,随着社会生产力的充分发展,科学技术水平的极大提高,社会物质财富和精神财富的极大丰富,人类社会在资本主义制度和资本主义发展道路经过"否定之否定"过程后,人类将迎来历史新纪元,到那时由于科学技术和社会制度等方面的原因,自由自觉的劳动将逐渐成为人类生活的第一需要。

众所周知,社会物质财富和精神财富是人类赖以生存和发展的条件。而离开了自然界,离开了人类与自然界的物质变换活动,物质财富和精神财富就成为无本之木、无水之源。因此人类与自然界的物质变换活动即劳动,无疑是人类赖以生存和发展的最基本的条件。劳动是经济社会发展的动

① 《马克思恩格斯选集》(第一卷),人民出版社,1995年,第53页。

因,而经济社会发展又反过来为改善劳动环境、劳动条件,增加劳动报酬,提高劳动生产率,提高劳动力就业市场规模等提供了重要条件。劳动还创造了幸福。劳动创造本身是一种高尚、道德、幸福的行为。一个人只要通过劳动,为社会创造了物质财富和精神财富,满足了社会和他人的需要,就会得到社会和他人的肯定和褒扬。与此同时,由于感受到自己人生目标和价值的实现,也会在精神上产生一种满足感和幸福感,产生一种愉悦感,从而促使他在今后的工作中,愿为社会和他人创造财富。要想在人类历史上留下印记,要想受到社会和他人的尊重,就必须通过劳动,为社会和他人创造更多的财富并获得必要的认可。①

劳动创造了人,人在劳动过程中形成了各式各样的社会关系,其中就包括道德关系。劳动过程就其简单要素来说,是创造使用价值的、有目的的活动,是为了人类的生活需要而占有自然物的活动。因此劳动不以人类生活的任何形式为转移,它是人类生活的一切社会形式所共有的。人类生活离不开劳动,只有在劳动过程中,人类生活才能得以形成并且丰富和发展。因此道德性的劳动必须是能够使个人的自由天性逐步得到张扬和发挥的劳动,个人不仅从劳动中获得自己生存所必需的物质生活资料,而且从劳动中获得尊重,发挥自己的才能,展现自己的个性。从这个意义上来说,单单从经济发展的角度来看,也要求个人不断提高自己的劳动素养,更全面地发展自身,做一个合格的劳动者。劳动者自身的发展状况如何,不仅牵涉到自身的发展,也牵涉到社会经济的发展,因此它也绝不只是个人的事情,而是与整个社会息息相关。虽然人本身单纯作为劳动力的存在,也是自然的对象,是活的有意识的物,劳动本身是这种力的物质表现,但人的劳动其力量是无法估量的。"资本、劳动和科学的应用,可以使土地的生产能力无限地提高。

---

① 参见郭建新、杨文兵:《新伦理学教程》,经济管理出版社,1999年,第174页。

一旦被自觉地运用并为大众造福,人类肩负的劳动就会很快地减少到最低限度。"①

　　总之,人类以及人类社会必须以劳动作为生存和发展的基础。在劳动过程中既体现了人与自然、人与社会之间的关系,又体现了人类劳动与人自身自由天性之间的关系。这就要求我们:一方面,人类要保护自然、爱护自然,实现可持续发展,要自觉担负起社会的责任,履行社会的职责和使命;另一方面,人类要通过劳动实现自身的发展,把劳动作为自身提升和发展的手段。这样的劳动才是符合人类道德目的和要求的劳动,才能有利于人的自由而全面的发展。当然正如序言中所提到的,在劳动伦理方面,我们还需要走出某些认识误区,由外在的规约过渡到内在的自觉,就是真正的打心眼里接受劳动价值,并由被迫走向主动,由负担走向乐趣。只有热爱劳动、勤于劳动、善于劳动,把劳动变成人的客观需要和情感需求,才会使人的辛勤劳动不只是出于功利而是闪耀着光荣的色焰,才使人们创造新世界有了广阔的实践平台,才使人生价值有了施展和实现的机会。

---

① 《马克思恩格斯全集》(第 3 卷),人民出版社,2002 年,第 463 页。

第四节 作为天性的人类劳动

　　劳动的问题在马克思思想中占有无可争辩的重要地位。劳动不仅创造了物质财富,还创造了属于人类的尊严和价值。人们在劳动中发展自己的个性,又在劳动中体验到福祉和幸福。一些古典经济学家们不理解劳动同福祉的辩证关系①,将个人的福祉同劳动绝对的对立起来,认为劳动作为一种手段只是为了实现个人福祉这一目的而存在的。反映在人类生产实践活动中,就是偏狭地强调劳动生产只是作为消费的手段而存在的。主张消费享受是绝对的、至上的,否认"生产本身的目的性"。对此,马克思在《剩余价值理论》一文中首先肯定了李嘉图把劳动本身、生产本身当作目的的观点。接着在批判西斯蒙第时指出:李嘉图"希望为生产而生产,这是正确的。如果像李嘉图的感伤主义的反对者们那样,断言生产本身不是目的本身,那就是忘记了,为生产而生产无非就是发展人类的生产力,也就是发展人类天性的财富这种目的本身"②。

　　马克思把劳动本身、生产本身视为目的,并将劳动视为"人类天性"的思

---

　　① 这里主要是指以西斯蒙第为代表的古典经济学家。他批判李嘉图"为生产而生产"的观点,在其代表作《政治经济学新原理》中主张"绝对的消费决定着相等的或扩大的再生产",因而"归根结底,还是消费决定生产"。

　　② 《马克思恩格斯全集》(第26卷),人民出版社,1973年,第124页。

想值得注意。马克思并没有完整地提出"劳动是人类的天性"这一命题,但是我们绝不能因此就断然否认马克思的这一构想。那么,应该如何看待和理解劳动是"人类天性"①呢?劳动同"人类天性"究竟有没有联系?如果劳动是人类的天性,又如何解释人们逃避劳动的现象?如何回应"劳动诅咒论"②?从"类"的视角分析和解读马克思的这一构想,对于人们深化对劳动问题的认识,推动劳动伦理学、职业伦理学有着重要的意义。

一、劳动是人自然形成的能力

人的肢体天生就是劳动器官。从物种进化的角度看,劳动是人类在漫长的进化过程中自然形成的产物。

首先是手部器官的进化和发展。早在我们遍体长毛的祖先那里,手和脚的使用就已经有了某种分工。他们都能在有需要的时候直立起来,并且仅凭双脚行动。手和脚的这种分工使得人类的祖先能够运用手去从事愈来愈多的活动。这一点从现在还存活的类人猿③身上就可以得到观察。手和脚的某种分工,以及手部器官的反复运用对劳动具有重要的意义。因为手部器官的运用愈发远离本能的活动,就愈发脱离纯粹的自然活动。正是在漫长的物种进化过程中,人类的祖先逐渐使得手部器官适应于一些简单的、特定的动作。直到手部器官能"把第一块石头做成刀子"时,手部器官就发

---

① 劳动是人类的天性(human nature),有时候也作"劳动是人的天性"(man nature)理解,二者都是从整体上解读劳动与人之间的关系。下文不作刻意的区分。

② "劳动诅咒论"是古典政治经济学家亚当·斯密提出的观点。他断言人天生就喜欢休闲和安逸,劳动只是人们获得安逸的手段。马克思对斯密这个观点进行的批判,并认为这是一种对劳动的诅咒。具体详见本书第一章的第五部分。

③ 类人猿与猿人是不同的:前者是猿。后者是人类直接的祖先,兼有人类和猿类的特征。

生了惊人的变化:"手变得自由了,能够不断地获得新的技巧"①。这一惊人的变化意味着:手部器官不仅仅是作为肢体而存在,更是作为劳动的器官而存在。

随后是发音器官和脑部器官的进化和发展。恩格斯指出,"更重要得多的是手的发展对其余机体的直接的、可证明的反作用"②。这种反作用,一方面是通过劳动的协作加以实现的,只有在劳动的协作中人们才能组合在一起并产生相互沟通的需要;另一面则是通过不断改变自然环境来实现的,只有不断地改变自然,人们才会有新发现和产生沟通、认识的必要。因而与手部器官一同发展的是发音的器官,二者都是作为劳动的器官而存在的。在手部器官和发音器官的共同作用下,脑部器官也得到逐步的进化和发展。脑部器官的进化不仅意味着意识的产生,还意味着思维能力的发展。虽然人的头脑与猿脑的构成和结构基本相同,但其非凡的能力和伟大的意义显然远超后者。作为劳动的器官,头脑不仅能够产生一种目的意识,实现"有目的的活动或劳动本身"③,还能计划怎样劳动;头脑不仅能够支配手和发音器官,还能支配他人的手和发音器官来执行它的意图。

在劳动器官的共同作用下,"人才有能力进行愈来愈复杂的活动,提出和达到愈来愈高的目的。劳动本身一代一代地变得更加不同、更加完善和更加多方面"④。劳动器官的形成,语言、思维能力等都是人类祖先从动物式本能的活动向人类劳动转化过程中逐步形成的,并且在不断的劳动中进一步得到完善和发展。直到人完全掌握了制造工具的能力,便立刻进入了一个新的发展阶段:人类从动物学意义上的发展历程结束后,开启了新的历史

① 《马克思恩格斯全集》(第20卷),人民出版社,1973年,第510页。
② 同上,第511页。
③ 《马克思恩格斯全集》(第23卷),人民出版社,1972年,第202页。
④ 《马克思恩格斯全集》(第20卷),人民出版社,1973年,第516页。

行程。

劳动是人类进化过程中固定下来的能力。人猿在没有完全进化成人之前也从事"劳动"。但这种"劳动"不过是动物式的本能的劳动。在《绝对剩余价值的生产》中，马克思从劳动的形式方面将劳动区分为"动物式的本能的劳动"与"专属于人的劳动"。二者区别在于：前者只是利用对象、使用对象，即利用肢体把外界某些现成的物体当作工具从而进行获取食物的活动；后者则是改造对象。马克思认为，专属于人的劳动是人类能够生产自己所必需的生活资料，这一点造成了人与猿的重大区别。虽然人与猿的手部构造相同，但当手部器官成为劳动的器官而不断得到使用时，人与猿之间就产生了重大区别，因为"没有一只猿手曾经制造过一把哪怕是最粗笨的石刀"①。从肢体器官到劳动器官的发展，从获取食物的活动到生产、生活资料的活动，使得人的意识变得愈来愈清晰。人愈来愈远离动物，就愈来愈脱离动物式的生存状态。人能"通过他所做出的改变来使自然界为自己的目的服务"②，使动物式的劳动变成一种有目的的活动，即专属于人的劳动。

但两种"劳动"之间也存在共同之处。首先，它们在某种意义上均属于一种"本能的劳动"。因为在人猿到猿人，再从猿人到完全意义上的人的过程中，"本能的劳动"也要随着物种的繁衍和遗传而固定下来。

其次，它们均属于一种有计划的、经过思考的活动。恩格斯指出，这种有计划的行动，在动物那里就已经以萌芽的形式存在着。关于这一点，可以在孩童身上得到印证。"孩童的精神发展是我们的动物祖先、至少是比较近的动物祖先的智力发展的一个缩影，只是这个缩影更加简略一些罢了。"③直到头脑的形成和发展，人才有能力进行愈来愈复杂的活动，提出和达到愈来愈高的目的。经过一代又一代的发展，劳动变得更加完善、多元。当有计

---

① 《马克思恩格斯全集》（第20卷），人民出版社，1973年，第510页。
②③ 同上，第518页。

划、经过思考的能力达到了相当高级的阶段,人有目的的活动便成为劳动本身①。这种有计划的、经过思考的能力,也要通过物种的繁衍和遗传而固定下来。

既然劳动是人类进化过程中固定下来的能力,那么这种能力必定是以一种独特的方式存在着的。

与食物本能、性本能等简单本能不同②,劳动是沉睡在人自身之中的潜在能力。马克思认为,"为了在对自身生活有用的形式上占有自然物质,人就使他身上的自然力——臂和腿、头和手运动起来。当他通过这种运动作用于他身外的自然并改变自然时",也就"使自身的自然中沉睡着的潜力发挥出来,并且使这种力的活动受他自己控制"。③ 所谓"自然中沉睡着的潜力"就是劳动能力。这种沉睡着的潜力的发挥与实现是需要一定条件的,正如刚破壳的幼鸟不能飞翔一样,婴儿也不能劳动,但我们绝不能就此否认他们自身潜在的能力。同样的,就像睡着的猪不能拱土一样,熟睡的人也不能从事任何一项劳动,但我们不能就此否认猪有拱土的本能。无论是幼鸟也好,还是睡着的猪也罢,它们的本能都是以潜在的形式存在于肌体之中。只要条件成熟,就会引起它们的本能与天性。劳动也是如此。

由此可见,在人猿向人全面的进化过程中,虽然"动物式的本能的劳动"逐渐发展为"专属于人的劳动",劳动的内容、形式、方式和方法都发生了巨大的变化,但是"本能的劳动"仍然作为一种"天性"通过遗传而保留了下来,

---

① 马克思将人的有目的的活动视为劳动本身。这一概念是马克思在《资本论》第一卷中给出的定义,应值得留意。因为人的目的蕴含了价值观念。人的目的不仅要受到人生活的外部条件的影响,比如生存、分配制度;还要受到价值观念的影响。这表明,劳动不仅仅是一种纯粹的物质性的客观活动,劳动还是一种主观性的、带有价值判断的活动。关于这一点,在本文的最后予以解释。

② 生物学将生物的本能划分为简单本能与复杂本能,并认为简单本能行为是低等动物生活的主要内容。

③ 《马克思恩格斯全集》(第23卷),人民出版社,1972年,第202页。

并且以一种潜在的形式在人的肌体中固定了下来。

人的劳动是外界难以改变的却可以引导的趋向。全部人的活动迄今为止都是劳动。除了在个体中的表现存在差异外,人类总是在忙碌的劳作中完成整个生命。这一现象已经重复了几十万年,并且也必将永恒地持续下去,尽管劳动的内容、形式、方式、方法、强度、时间存在个体性差异。但就人类整体而言,人类总是趋向于劳动的,并且是外界难以改变的。人的手部作为劳动器官,人的脑部作为能产生"有目的的活动"的器官,也是难以被改变的,这一经验事实谁也无法否认。同样无法否认的是,整个人类的历史就是一部劳动史。从农耕社会到工业社会,尽管农民在劳动的方式、内容、强度等方面发生了巨大的变化,但农民总是在从事着劳动。随着认识的加深,哪怕过去被认为是玩物丧志、不务正业的某些人类的活动,比如游戏代练等,现如今也成为一种脑力劳动被市场所认可。这表明,随着生产力和科学技术的不断发展,劳动的内容、形式、方式和方法也随之发生着变化。但唯一不变是却是劳动本身。

二、劳动是人先天具有的固有属性

劳动是人类的特性。所谓属性就是事物本身所具有的特征、特性。显然对于人类这一物种来说,只有劳动才是其独有的特征、特性。马克思认为,"一个种的全部特性、种的类特性就在于生命活动的性质,而人的类特性恰恰就是自由的自觉的活动"①,即劳动。劳动既属于一种生命活动,又属于一种生产生活。在生物学的意义上,正如动物的求食本能是维持其生命的手段一样,劳动也是作为维持人生命的手段而存在的,因而劳动属于一种生

---

① 《马克思恩格斯全集》(第42卷),人民出版社,1979年,第96页。

命活动;但在社会学的意义上,劳动产生了人生命的生活,劳动成为生活的目的,而"生活本身却仅仅成为生活的手段"①,劳动又属于一种生产生活。这就是说,劳动既能成为一种手段,又能成为目的本身。动物的一切本能或特性都是构成生命的手段,而唯有人的劳动能构成生命的目的。正因如此,恩格斯才慨叹"人是唯一能够由于劳动而摆脱纯粹动物状态的动物"②。劳动成为人类区别于其他任何物种的重要特征、特性。

随着人类自身的繁衍生息,人类独有的这种特性被世代保留下来,成为人类与生俱来的共同本性。它深深地根植于人类的命运里,刻印在人类历史的长河中。其他物种并不具有这种特性,也不可能因为任何原因而拥有这种特性。此外,人类独有的这种特性反过来又保护和促进了人类自身的繁衍生息,使人类自身得以一代又一代生存下去。只要有人类存在或活动的地方,就能够观察到这种特性。这种特性越完善,越多元,人类就会得到越来越好的发展和繁衍。

劳动本身就具有目的的性质。弗洛伊德曾对本能及其特点做过精辟的论述。他认为,本能具有目的性,目的达到时感到满足和快乐,从而重建内部平衡。弗洛伊德至少在本能具有目的性的这一观点上是正确的,本能是具有目的性特征的。对于劳动本身来说,它恰恰具有目的性特征。

马克思认为,劳动是人有目的的活动,将劳动同目的统一起来。这就是说,人为劳动而劳动,为生产而生产。这个论断如果从狭隘的近代史、现代史上是无法得到理解的,从生活经验和常识上也无法得到印证。似乎人们是为了生存而劳动,为了休闲而工作,为了享受而劳动,为了消费而生产。之所以出现这种历史的误解,必定是因为人们忘记了上古时代人们的活动方式,以及由社会分工所引发的社会劳动的分化和独立化。

---

① 《马克思恩格斯全集》(第42卷),人民出版社,1979年,第96页。
② 《马克思恩格斯全集》(第20卷),人民出版社,1972年,第535~536页。

　　在社会分工未曾出现以前,人们同自然界的关系远比现在更加直接。作为调整和控制人同自然之间的物质变换的过程,劳动无须经过社会分工、私人占有及其分配中的复杂环节而能够直接作用于外部世界。鸬鹚天生就有捕鱼的本能。对于鸬鹚来说,捕鱼的本能同鱼肉之间,本能同目的之间,活动同对象之间发生最直接的联系。因而它的本能就带有目的性。在社会分工、私人占有及其分配未曾出现以前,人同他的生活资料之间,劳动同目的之间也发生这种直接的联系,而无须经过复杂的、烦琐的种种环节。自然界是以最直接的方式给劳动提供生活资料。在这个意义上,人的本能的劳动与他的目的是统一的,劳动与目的是统一的,人有目的的活动与生活资料也是统一的。这说明,劳动本身就带有目的性。而社会分工出现以后发生的人们逃避劳动的历史现象,也就是劳动同目的之间的对立,完全是由社会分工、私人占有及其分配制度引起和造成的。

　　劳动是人特有的需要。但凡动物都有生理需要,并且它的生理需要就是它生命活动的第一需要。对于动物来说,它的生理需要就是它全部的欲望。它全部的生命活动都要受到生理需要的严格限制。因而生理满足是驱动它们生命的根本动力。这就决定了动物永远都要生长在自然界的"必然王国"里。马克思认为,与动物不同,人不受到生理需要的绝对限制,人甚至可以摆脱生理需要而去追求有尊严、有价值的生活。"动物只是在直接的肉体需要的支配下生产,而人甚至不受肉体需要的支配也进行生产,并且只有不受这种需要的支配时才进行真正的生产。"①生理需要不构成人生命活动的第一个需要。这就决定了人能够实现从"必然王国"到"自由王国"的历史性飞跃。

　　人们除了有生理需要,还有劳动需要。二者的区别在于:前者只能反映

---

① 《马克思恩格斯全集》(第42卷),人民出版社,1979年,第97页。

人部分的欲望,体现人片面的活动;而后者则能反映人全部的欲望,能体现人全面的活动。① 毫无疑问,同动物相一致,满足生理需要是人们从事任何活动的必要条件,但是一旦人们自己开始满足劳动需要时,他们就开始把自己和动物真正地区别开来。对人来说,生理的满足只是解决了生理需要,得到的也只不过是片面的发展和短暂的满足;而劳动的满足,则解决了劳动需要,得到的却是全面的发展和厚重的幸福。这就是说,被生理需要所支配下的人,至多只能得到动物式的生命持存,却无法实现人的意义上的审美生活。因而从这个意义上,只有当人不把生理满足看作是自己生活的第一个基本条件时,他才能不受肉体需要的主宰而进行全面的活动。那么此时,人的一切天性禀赋就能得到发挥,人也就能真正地证明自己是类存在物,实现人所独有的审美生活。在人类历史上,生理需要与劳动需要孰先孰后,孰能成为人类生活的第一个基本条件,存在较大的争议。马克思认为,生理需要和劳动需要的关系要取决于物质资料的产生水平,并且还要受到特定时代的生产关系的制约。尤其是在资本主义私有制条件下,劳动者的"劳动不是自愿的劳动,而是被迫的强制劳动。因而,它不是满足劳动需要,而只是满足劳动需要以外的需要的一种手段"②。在资本主义制度的强制下,生理需要必然要取得对人的统治权,人们首先要获得生理满足。生理需要成为人们生命活动的第一需要。即使存在较大争议,但有一点是无法否认的:劳动是人特有的需要。这种劳动需要不仅无法消逝,而且随着人类自身的世代繁衍将变得更加强烈,其内容更加丰富,形式更加多样,表现更加多元。

---

① 部分欲望与全部欲望、片面的活动与全面的活动,这种区分十分重要。它有助于我们解释人们逃避劳动的现象。

② 《马克思恩格斯全集》(第42卷),人民出版社,1979年,第94页。

三、人是天生的劳动动物

由于人无法脱离社会而独立存在,因而可以说人是天生的社会动物。人的性格、旨趣、认识、行为方式、价值取向,以及他全部的活动都要深深地打上社会的烙印。马克思认为:"这是因为人即使不像亚里士多德所说的那样,天生是政治动物,无论如何也天生是社会动物"①。

首先,人存在于社会关系之中,存在于人与人的普遍联系与交往之中。人"不仅是一种合群的动物,而且是只有在社会中才能独立的动物"②,孤立地存在于社会关系之外的人是不存在的,也是不可理解的。在马克思看来,人是作为社会关系的主体而存在的。社会关系生产人的同时,人也在社会关系中生产着社会。社会关系决定着人,任何人的生命、观念意识、理想志向等都是由社会关系所提供。而受到社会关系影响的人,其观念与行为也反向作用于社会。从这个意义上说,不过是追求着自己目的的人的活动,生产的活动或享受的活动。劳动和享受,无论其内容或存在方式也同样缘于社会,是社会的劳动和社会的享受。因为"不仅我的活动所需的材料,甚至思想家用来进行活动的语言本身,都是作为社会的产品给予我的,而且我本身的存在就是社会的活动"③。

其次,劳动是人取得社会性的前提。人是天生的社会动物,它必定是以劳动为前提的。当人"意识到必须和周围的人们来往,也就是开始意识到人总是生活在社会中的"④,也就开始意识到自己的社会性。所谓的社会关系,

---

① 《马克思恩格斯全集》(第23卷),人民出版社,1972年,第363页。
② 《马克思恩格斯全集》(第46卷上),人民出版社,1979年,第21页。
③ 《马克思恩格斯全集》(第42卷),人民出版社,1979年,第122页。
④ 《马克思恩格斯全集》(第3卷),人民出版社,1960年,第35页。

就是人们在共同的实践活动中所结成的相互关系。而这种关系归根结底，不过是一种由生产劳动所结成的普遍联系与普遍交往。恩格斯曾指出，"人类社会和动物社会的本质区别在于，动物最多是搜集，而人则能从事生产"①。这表明，社会不是许多个人构成的，而是许多个人的许多关联、许多关系的一个总和。这种关联、关系，其实质就是劳动。

人与人之间是通过生产劳动建立起来的联系。生产劳动不仅使人与人之间的普遍联系、普遍交往成为可能，还为其赋予了实质性的内容。在马克思看来，人作为社会动物，社会只是赋予人一种普遍的关系。而个体劳动者社会关系具体是怎样的，那要取决于生产劳动的具体条件。"他们是什么样的，这同他们的生产是一致的——既和他们生产什么一致，又和他们怎样生产一致。"②也就是说，没有劳动这个前提，人的社会性只是一个抽象的概念。人作为社会动物，只有通过劳动，他才能为别人而存在和别人为他而存在，人与人之间才能发生现实的联系。因此，人的活动方式、生产方式、生活方式均要取决于劳动，并且都要以劳动为前提。

人天生是社会动物，而社会即是人们在生产劳动中所结成的相互关系。劳动是人取得社会性的最根本的前提。这就意味着人在成为社会动物之前，必先成为劳动动物。因此，人也是天生的劳动动物。

实际上，关于"劳动是人类的天性"这一观点，历史上从不缺少反对的声音。尤其是近代以来，包括斯密、西斯蒙第在内的一些古典政治经济学家极力反对这一观点。他们将劳动视为一种诅咒，并认为劳动是令人生厌的，人天生就喜欢安逸，把劳动同人的快乐、自由和幸福完全地对立起来。对于劳动诅咒论，马克思进行了严厉地驳斥。马克思认为，劳动是人类的天性，并且"一个人'在通常的健康、体力、精神、技能、技巧的状况下'，也有从事一份

---

① 《马克思恩格斯全集》(第34卷)，人民出版社，1972年，第163页。
② 《马克思恩格斯全集》(第3卷)，人民出版社，1960年，第24页。

正常的劳动和停止安逸的需求"①。反之，"在奴隶劳动、徭役劳动、雇佣劳动这样一些劳动的历史形式下，劳动始终是令人厌恶的事情"②。也就是说，在不合理的制度安排或某种恶劣的条件下，劳动将成为一种自我牺牲、自我折磨的劳动。而当这种自我折磨的劳动，或由制度安排带来的强制性一旦停止，"人们就会像逃避鼠疫那样逃避劳动"③。在这里要进一步研究这个问题。

就人的劳动器官来说，头脑对劳动的意义具有"两面性"：头脑既能产生一种有目的的活动，也能产生与这种目的相左的活动；头脑既能够计划怎样劳动，也能计划怎样不劳动。从这个意义上说，人脑既能产生一种积极的意识和钢铁般的意志促进劳动，也能产生一种消极的意识或懒惰的意志让人躲避劳动。那么，这种意识是如何产生的呢？我们知道，人的脑部器官具有指挥其他劳动器官的特点。正因这个特点，使劳动从动物式的活动变成一种有目的的活动，即专属于人的劳动。随着劳动和生产力的发展，人脑的意识越来越清晰，"人离开动物愈远，他们对自然界的作用就愈带有经过思考的、有计划的、向着一定的和事先知道的目标前进的特征"④。直到脑部神经已经发达到能够运用对象性思维，将劳动本身从人的活动中、从劳动器官中、从脑神经活动中抽离出来，并视其为客体而观察时，人就获得了一种将劳动视为手段的思维能力。而生产力的发展则加速了这种思维能力的进一步成熟。

问题就产生于此：这种将劳动视为一种手段的思维能力，只不过是人脑的机能罢了。但运用这种能力却取决于人脑之外的客观环境和社会性质。

---

① 《马克思恩格斯全集》（第46卷下），人民出版社，1980年，第112页。
② 同上，第112页。
③ 《马克思恩格斯全集》（第42卷），人民出版社，1979年，第94页。
④ 《马克思恩格斯全集》（第20卷），人民出版社，1973年，第517页.

这一步至关重要。

上述事实至少表明两点：其一，人们把劳动当作一种手段而使用的现象是由社会性质造成，也就是由后天造成的。其二，把劳动当作对象而非目的的做法，使劳动同目的之间在某种程度上对立起来①。

从人类历史的宏大背景中我们发现，这种对立起初只是在很小的范围内发生，比如家族内或氏族内。直到社会分工、私人占有及其分配制度的出现和普遍确立，促使这种对立获得了一种普遍性、强制性。这种普遍性和强制性使生活在其中的每一个个体都无法幸免、被迫屈从。随着社会分工的进一步发展，以及由此促进的生产力和生产关系的进一步发展，这种强制性和普遍性也进一步得到加深。与之相适应的是，当劳动同目的之间产生更加明显的对立。当社会分工、私人占有及其分配制度至臻成熟时，劳动本身也就完全分裂为三对"对立的劳动"：工具性的劳动与价值性的劳动的对立，外在的劳动与内在的劳动的对立，折磨人的劳动与自由的劳动的对立。这在某种意义上可以理解为：人同他自己的劳动之间产生了对立②。

（1）工具性的劳动与价值性的劳动的对立。马克思将人有目的的活动视为劳动本身。这一概念应当特别值得留意。由于人的目的蕴含了某种价值观念，因而劳动不只是一个关于事实的知识问题，更是一个关于人类存在的价值问题。这说明，劳动不仅是一种工具性的客观活动，更是一种具有主观性、带有价值判断的价值性活动。因此劳动不能只是一种纯粹的、工具性的劳动，还能是具有价值性的：要么是合乎人性的，实现主体的价值旨趣，因而是自由的和幸福的；要么是违反人性的，背离主体的价值旨趣，因而充满

① 也就是说，人既可以为劳动而劳动，也可以为其他目的而劳动；人有目的的活动既可以满足劳动需要，也可以满足生存需要。

② 不仅如此，由于人还能支配他人的劳动来执行自己的意图，因而人还同他人的劳动之间产生了对立。

痛苦的和罪恶的。相应地,劳动可以是符合天性的人类实践,也可以是丧失天性的被异化的劳动。马克思认为,在私有制社会中,劳动尺度由劳动本身之外的事物所决定,也就"是由必须达到的目的和为达到这个目的而必须由劳动来克服的那些障碍"①所决定的,比如一份养家糊口的工作。从现实的情况来说,一个人首先要出卖自己的劳动力,把劳动当作一种"克服障碍"的工具来使用,他才能减少由社会分工、私人占有及其分配制度带来的外部影响,最终实现合乎人性的活动。劳动尺度之外的"那些障碍"保证了劳动的工具性与价值性的分裂。那么发生如下情况就十分自然了:尽管我可以从事某种劳动,但它不是如我所愿;这种劳动一旦停止,我就要躲避它、抛弃它、不去想它②。

（2）外在的劳动与内在的劳动的对立。当人们为了达到某种目的而必须把劳动视作一种工具来使用时,劳动本身就分裂为外在的劳动与内在的劳动。外在的劳动是一种丧失了劳动目的性的劳动,它只是具有劳动的外部表现形式。外在的劳动的使用,不是为了满足劳动需要,而是为了满足劳动需要以外的其他需要,比如生存的需要。按照马克思的理解,外在的劳动实际不属于劳动者。与原始社会不同,在社会分工、私人占有及其分配制度的影响下,劳动同生活资料之间产生越来越明显的对立。这表现在,劳动者想要获得生活资料,首先遵守这样一套社会秩序:劳动者首先"得到劳动的对象,也就是得到工作;其次,他得到生存资料。因而,他首先作为工人,其

---

① 《马克思恩格斯全集》(第46卷下),人民出版社,1980年,第112页。
② 这可以解释为什么有一些艺术家、哲学家不为钱财和荣誉所动容,全心全意地投入到他的事业之中。因为对于艺术家和哲学家来说,他的劳动就是他的目的,他们为了创造而创造,他整个的人生之目的就寓于高超的技艺之中,寓于沉思之中。同样的,这也能解释为什么有一些工人,每天就喜欢磨洋工、喜欢休闲和安逸。因为对于他来说,劳动并不是他的目的,他们是为了报酬才去工作的,他真正的目的并不寓于他所从事的工作之中。

次作为肉体的主体,才能够生存①。"简单来说,人们只有首先获得某种工作才能活着,并且只有活着才能从事某种工作。这种由社会分工、私人占有及其分配制度带来的社会秩序影响着每一个人的命运。那么发生如下事实也就十分自然了:人们的首要目的是获得工作,而不是生活资料;劳动首先只能成为一种获取生活资料的手段,也就是外在的劳动。

(3)折磨人的劳动与自由的劳动的对立。马克思认为"外在的劳动,人在其中使自己外化的劳动,是一种自我牺牲、自我折磨的劳动"②。在私有制社会所营造的社会秩序里,每个人只能扮演指定的角色,每个人都被锁定在特定的环境和阶级里。一个人在社会上很难有机会从一个阶级转到另一个阶级。并且这个秩序决定着劳动者的劳动性质、尺度、内容、方式和方法。劳动者的劳动同他所扮演的指定角色一样,注定是片面的、狭隘的;他的个性也同是片面的、狭隘的。因此劳动者的劳动内容、劳动方式和方法无法引起他的兴趣,并且他的天赋只能在偶然的机遇中获得有限的发挥。尤其是资本主义社会,"人只有在劳动之外才感到自在,而在劳动中则感到不自在,他在不劳动时觉得舒畅,而在劳动时就觉得不舒畅。因此,他的劳动不是自愿的劳动,而是被迫的强制劳动"③。既然劳动内容、劳动方式和方法无法引起劳动者的兴趣,劳动者还有什么理由喜欢上它呢?

一句话,在社会分工、私人占有及其分配制度的影响下,劳动的谋生性、强制性和不平等性获得了普遍性,而劳动者的健康、体力、精神、技能、技巧却获得片面的发展。实际上,所谓的"劳动诅咒",不过是斯密等人站在人类社会和历史的当下,片面地看到人们逃避折磨人的劳动、外在的劳动、工具性的劳动的一面罢了,从而得到的是一种狭隘的结论。他们看不到自由的劳动、内在的劳动和价值性的劳动,也就理解不了劳动是人的天性。当人们

---

①② 《马克思恩格斯全集》(第42卷),人民出版社,1979年,第92页。
③ 同上,第94页。

的生活条件允许他们全面活动时,不仅可以全面反映人们的欲望,而且还有机会施展每个人的天赋,这样的劳动内容、劳动方式和方法更能吸引劳动者,劳动者可以通过自己的体力和智力劳动得以享受,这样人的劳动天性就越能得到保护和发挥。"但这绝不是说,劳动不过是一种娱乐,一种消遣,就像傅立叶完全以一个浪漫女郎的方式极其天真地理解的那样。真正自由的劳动,例如作曲,同时也是非常严肃,极其紧张的事情。"①

"人只有在劳动之外才感到自在",似乎也得到了日常生活经验与感受的确证。正如我们习以为常的、反复观察到的那样,似乎人们喜欢放松和享乐,并沉醉于其中。而正是这种错误的体会,才使得人们误认为劳动是外在于人的活动,劳动是谋生的工具;人类天生就喜欢享受,而不喜欢劳动,人只有在劳动之外才感到自在。人们自己有时候也因为过度劳累和忙碌而厌倦劳动,加上人们在闲暇和享受时确实获得了某种程度的快乐和满足,这样的感受反过来又强化了这样的错误的认识。

但是我们越往前追溯历史,就越能发现一个与之相反的事实:为劳动而劳动,为生产而生产。因此,若想解答"劳动诅咒"现象这个历史之谜,其答案绝不在造成这种现象的历史之中。相反,它必定在与之相反的历史阶段里,在问题产生的开端和问题解决的终端。我们越是往前追溯历史,就越能穿越造成这种现象的历史迷雾,就越能发现问题产生的真正源头。同样的,我们越是往后求索,就越能找到解决问题的钥匙。于是在理论上,我们就能把"人天生就厌恶劳动"这种颠倒了的观点又颠倒了过来。

诚如序言所述,人类与劳动似乎与生俱来、形影相随。从历史教科书上,我们知晓到了劳动创造了现代人,打造石器以及渔猎、耕种、畜牧等原始性劳动强化了人的手脚分工、大脑进化、工具制造、语言文字的产生,等等,

---

① 《马克思恩格斯全集》(第46卷下),人民出版社,1980年,第113页。

开始了人类由野蛮向文明的揖别。然而在人与动物的根本区别上一直存在争议,有预设、有目的的自觉劳动并不是人与动物区别的普遍共识,相反一些人将情感、思维等精神性的东西作为人与动物本质差异,甚至将文化、文明等这些人类后续演化出来的东西作为圭臬。实际上,劳动创造了人本身用不着找什么历史证据,也没有充分的历史资料可供佐证,以一般的简单逻辑分析就足能令人信服,没有有预设、有目的的自觉劳动,人就是动物。或者说,如果哪种动物有一天开启了有预设、有目的的自觉劳动过程,也会变成同人类一样的高级动物。

第五节 敬业与敬业价值观

敬业价值观是一种价值追求,更是一种精神坐标。正如习近平所说:"敬业是一种美德,乐业是一种境界。"①在现代社会各行各业的生产经营过程中,敬业价值观既蕴含着丰富的道德价值,又蕴含着丰富的经济价值。作为一种价值追求,敬业价值观是对职业劳动道德精神的观念把握,有助于劳动者在职业劳动过程中的自我约束。作为一种精神坐标,敬业价值观对劳动关系和利益关系起到调节作用,有助于提高全社会的精神文明程度,促进形成良好的社会风尚,大力培育敬业价值观,有利于在全社会营造劳动光荣

---

① 习近平:《之江新语》,浙江人民出版社,2007 年,第 177 页。

的社会风尚和精益求精的敬业风气,弘扬劳模精神和工匠精神。

一、敬业:职业劳动的道德精神与行为方式

敬业意味着爱劳动。而劳动者、劳动对象和劳动资料始终是劳动过程的三大基本要素。

所谓劳动者,即是一切从事经济活动的人的总称。自从人类进入阶级社会,无论何种社会性质、何种社会形态,劳动者及劳动者阶级无一例外的是社会物质文明、精神文明的直接创造者,同时也是历史的创造者。

所谓劳动对象,即是人们为生产物质财富而以劳动进行加工的一切物质资料。劳动对象是生产资料的重要组成部分,是吸收活劳动的物质资料,劳动只有作用于一定的劳动对象,才能生产出适合需要的使用价值。

所谓劳动资料就是劳动手段,它是人们在劳动过程中对劳动对象进行改造所必需的一切物质资料和物质条件。人在生产力中是最活跃的因素。由于人的能动性和创造性在生产劳动过程中,生产力中人的因素成为主体,而作为物的因素的劳动对象和劳动资料则属于客体。正如马克思所说,"人本身单纯作为劳动力的存在来看,也是自然对象,是物,不过是活的有意识的物,而劳动本身则是这种力的物质表现"[①]。正因为人作为有意识和能动的存在物,使得劳动生产率的高低归根到底要依靠生产力中的人的因素。而人的意识,人的能动性和创造性能够受到思想觉悟、理想信念、伦理道德等方面的影响。因此把敬业或者爱劳动作为社会主义精神文明建设的重要

---

① 《马克思恩格斯全集》(第44卷),人民出版社,2001年,第235页。

内容①,通过倡导敬业这种道德精神激发或释放出劳动者阶级在生产劳动过程中的潜力,将大大提高整个社会的劳动生产率。

一般来说,无论是个体劳动为主时代还是社会化大生产时代,任何敬业或者敬业价值观总是与人类劳动紧密联系在一起。一方面,敬业或者敬业价值观是人们在劳动的相互协作过程中形成的道德和操守;另一方面,人们在劳动的相互协作过程中必然需要对利益关系做出一定的规定和规范,敬业和敬业价值观发挥着调节利益关系的重要作用。可见,劳动与敬业是一对紧密联系的概念。也正是在劳动过程中,敬业和敬业价值观在一定的社会关系中既获得其现实性,又获得其应有的经济价值与伦理意义。

由此看来,敬业是对待职业或事业的一种态度,其中的"敬"蕴含有严肃、恭敬、虔诚、尊敬的意思,"业"通常指的是"职业""事业"等。从日常生活的意义上,责任心和使命感是敬业的内在要求,因而敬业就是认真、严肃地对待自己的本职工作,或者以虔诚的态度和坚定的信念对待自己所侍奉的事业。敬业和敬业价值观是职业道德的集中体现,也是职业精神、劳动精神和工匠精神的重要基础。一个没有责任心和使命感的劳动者,人们无法认为他能敬重自己的职业。由此敬业上升到道德层面,它不但反映了人们对自己所从事工作的认知和态度,而且反映了他们怎样理解自己工作的价值和意义。正是在这个意义上,唐凯麟先生认为,"敬业,是指人们以虔敬的

---

① 1986年,党的十二届六中全会就通过了《中共中央关于社会主义精神文明建设指导方针的决议》,其中明确提出了"五爱"的社会主义道德建设基本要求,而爱劳动是"五爱"的重要内容。1996年,党的十四届六中全会通过了《中共中央关于加强社会主义精神文明建设若干重要问题的决议》,明确要大力提倡包括"爱岗敬业"等在内的职业道德。2001年印发《公民道德建设实施纲要》,明确提出"要在全社会大力倡导敬业奉献的基本道德规范"。2006年,党的十六届六中全会通过了《中共中央关于构建社会主义和谐社会若干重大问题的决定》,提出了树立以"八荣八耻"为主要内容的社会主义荣辱观,敬业是社会主义荣辱观的重要内容。2012年,党的十八大报告提出了社会主义核心价值观,其中"敬业"成为个人层面的核心价值观之一。

态度对待自己所从事的职业,兢兢业业地工作、刻苦钻研业务与技能、努力提高自己职业活动的产品质量与服务质量,以履行自己职业所承担的社会责任,实现自己人生价值的一种职业的道德精神和行为方式"①。

诚如前文所述,"老黄牛精神"是中国人对敬业的深刻理解,并总结出来的一种优秀精神,其中的重要内涵是勤奋。今天,尽管时代发生了翻天覆地的变化,但是我们中国人仍需像"老黄牛"一样,秉承着勤勤恳恳、任劳任怨的敬业价值观。中国改革开放四十余年的实践证明,中国走上了一条和平崛起、劳动崛起的发展道路,亿万中国人民通过几十年的忘我劳动、奋发图强,创造了中国特色社会主义道路和中国模式,劳动是中国财富积累、中国人民富裕起来的坚实基础。

二、敬业价值观:敬业的价值认同与观念把握

唐凯麟教授认为,所谓敬业价值观,就是对敬业这种道德精神和行为方式的价值认同与观念把握。② 实际上,价值观是关涉多种学科的概念。从日常生活的角度讲,所谓价值观即是对周围事物的意义、是非、好坏、重要性的评价和看法的表达。不同学科对价值观的理解既存在一致性,也存有些许的差异性。从心理学上讲,价值观比态度(attitude)、信念(belief)更宽泛的概念,它是主体对客体评价的观念系统,并且能够促进、引导主体采取决定和行动的标准。人们的价值观念要受到社会基本政治制度、社会基本经济制度、社会环境、文化与民族、社会实践活动等诸多因素的影响,并且是伴随着个体成长,在个体社会化进程中逐渐形成的。从哲学上讲,价值观是关于价值的理论体系,它是主体对客体的系统化、理论化、概念化的评价意识。

---

① 唐凯麟:《培育和践行社会主义敬业观》,《光明日报》,2015 年 9 月 9 日。
② 参见唐凯麟:《培育和践行社会主义敬业观》,《光明日报》,2015 年 9 月 9 日。

从伦理学上讲,价值观是关涉人生价值的理论体系。

马克思主义则认为,人的价值有其特殊性。这种特殊性首先表现为,价值是一种关涉主体与客体的某种肯定性需要或者否定性需要的关系。如果一种事物被判定为有价值的,那么它将表明该事物及其某种属性对人存在一种肯定性的、可以满足人的某种需要的关系。反之,如果一种事物被判定为不具备价值的,那么它将表明该事物及其某种属性对人存在一种否定性的、不能满足人的某种需要的关系。其次表现为,人应在价值关系中处于主体的地位。显然,没有人的存在,一切事物就无所谓价值,因而就不存在任何形式或内容的价值关系。就这一点而言,人无疑是价值关系的主体。再次表现为,人在价值关系中还处于客体的地位。所谓人处于价值关系的客体地位,是指人可以充当价值体。一般来说,一切对人而言具有一定的需要关系会被认为有用、有价值的,可以充当价值体,并且处于价值关系的客体地位。关于这一方面十分常见。而人作为有用的、有价值的,并且处于价值关系的客体地位,虽然也较为常见但却不易被理解。因此,人的价值有其特殊性就在于人既是价值的主体,又是价值的客体;既是价值物的享用者,又是其创造者;既是目的,又是手段。

价值观具有历史性。一方面,价值观会受到需要、利益、文化、风俗、生活方式等方面的影响,处于不同时代、不同地域、不同民族的人有不同的价值观。另一方面,价值观还会受到阶级关系的影响。在有阶级社会中,任何人由于利益关系的影响往往要归属于不同的利益集团、不同的阶层。而处于不同利益集团和社会阶层的人们其获得的经济地位、政治地位和社会地位是不同的,有时候甚至可能差别巨大,造成他们的价值观有巨大的差别。承认价值观具有历史性,就必须要承认价值观不是与生俱来的,而是后天形成的,会受到生产发展水平、历史条件和社会环境的制约。价值观的历史性还表明,就价值观本身的内容和形式而言,其变化要随着历史和社会的变化而发生改变。就个体价值观而言,其变化则要随着个体的经济地位、政治地位和社会地位的变化而发生改变。

敬业价值观具有丰富的道德价值。作为整个社会职业道德的核心,大力弘扬敬业价值观,有利于在全社会营造劳动光荣的社会风尚和精益求精的敬业风气,传扬劳模精神和工匠精神。社会风尚具有极大的感染力和影响力,它是全社会的经济、政治、文化、道德等状况的综合反映,同时也是人们精神面貌的总体表现。健康的、和谐的社会风尚将凝心聚力传递正能量,潜移默化地引导人们建立一种健康的习惯。从群体的视角来看,在劳动生产过程中各行各业的劳动者是否敬业,是否秉持敬业价值观,对全社会各行各业的行业风气有着十分重要的影响。反之,各行各业的劳动者得过且过、粗制滥造、敷衍了事、马马虎虎、偷工减料,必定败坏整个社会风尚。从个体的视角来看,任何劳动组织都是相关劳动者一定程度的利益联合体,个体劳动者彼此之间通过生产合作或者服务合作的方式从事生产经营活动,从而为整个社会提供产品或服务。在这其中,个体劳动者必然要与劳动者组织紧密联系,融入其中,并且在生产或服务过程中尽职尽责,否则劳动者组织及其生产经营活动就要受到影响,身在其中的个体势必会自断生路。特别是在全球化经济和市场经济深入发展的背景下,任何劳动组织只有不断地更新理念,持续推进产品创新、技术创新、管理创新、制度创新,坚守合法经营、诚实守信,才能保持较好的市场竞争力和市场信誉。然而劳动组织不懈地更新理念、勇于创新,可很多工作最终能否实施,归根到底还是要依靠每一位劳动者兢兢业业、恪尽职守的劳动。这就意味着,现代社会企业的生产经营活动在很大程度上,要依赖于作为劳动道德重要组成部分的敬业价值观的支持。这恰恰说明,敬业价值观在现代社会中所具有的丰富的道德价值。

敬业价值观还具有丰富的经济价值。第二次世界大战后,战败国日本能够迅速恢复社会生产力,用了短短 20 年就超越作为欧洲头号经济强国的德国,成为世界第三大经济体。从某种程度上说,这与日本千千万万普通劳动者身上自觉秉持的敬业价值观有着紧密的联系。在他们看来,劳动不仅仅是个人的事情,关系到个人的前途和发展,劳动还是一份责任和担当,关系到国家和民族的前途命运。如果只是求得一时的安稳和快乐,而不去考虑人生的意义与价值,那么这样的生活是不值得过活的。这样的敬业价值观反映在日本普通劳动者身上就是"劳动带来陶醉,工作就是快乐"的观念①;反映在日本企业的生产经营上就是日本的精细化精神,追求卓越精神,以及协和竞争精神。所谓协和竞争精神,是日本独具一格的精神风范,具体指哪怕企业之间存在竞争关系或个人之间存在竞争关系,彼此之间都会互相提携、相互激励②。正是日本国民对敬业价值观的普遍认同,使日本战后经济社会的全面而迅速的发展。

---

① 参见辛向阳:《百年恩仇:两个东亚大国现代化比较的丙子报告》,中国社会出版社 1996 年版,第 21~22 页。

② 参见吴潜涛:《日本伦理思想与日本现代化》,中国人民大学出版社 1994 年版,第 195~220 页。

第二章
儒家劳动伦理的现代疏解

　　如果说土地是维持封建统治阶级和封建社会秩序的物质基础,那么毋宁说宗族和宗法是维系封建社会土地制度的组织的、文化的和制度的保障。宗族及宗法不仅是中国传统社会中最基本的结构单元,而且还是中国传统社会的一种深入的基层制度,构成了一种广泛的民众生活方式及组织形式。中国传统的宗法等级制社会对儒家伦理的形成发展产生了决定性的影响,造成儒家伦理与宗法关系紧密结合的特点,以及与政治紧密结合的特点。这两种特点不但使儒家伦理中蕴含了丰富的个人修养和社会道德责任的思想观点,而且使得中华民族形成了独特的敬业乐业伦理道德文化。中华民族作为一个智慧和勤劳的民族,素以刻苦耐劳著称于世,而儒家敬业乐业的劳动伦理有几千年悠久深厚的历史积淀,被历朝历代统治者和大儒所重视。从儒家的自强思想到现代功利伦理,从儒家的忠勤思想到现代的集体主义伦理,从儒家的己立立人思想到现代奉献伦理,无不体现出儒家劳动伦理的时代价值与现代意义。儒家伦理特别是儒家劳动伦理是我们中华民族重要的精神命脉,凝聚着一代又一代中国人民的智慧和经验,对于涵养社会主义敬业价值观依然具有重要的时代价值和现代意义,我们非但不能割断自己的精神命脉,还有积极地继承和弘扬。

第一节　儒家劳动伦理的宗法社会基础

一般来说,宗族就是以血缘关系为基础形成的亲属共同体,而宗法就是在血缘关系的基础上,以宗族的嫡长继承制为中心的血缘制度和封建等级制度。宗族在某种意义上属于一种中国式的权威体系,其内部结构复杂、功能齐全。族长、族规、族谱、宗祠、族田共同构成了宗族结构的重要组成部分,同时也构成了宗族的基本形态。宗族及宗法不仅是中国传统社会中最基本的结构单元,而且是中国传统社会的一种深入的基层制度,构成了一种广泛的民众生活方式及组织形式。在宗族及宗法的社会条件下,长幼尊卑、内外有别被奉为至上法则,而这一法则被封建政权加以肯定和运用,生成了中国传统社会上下、尊卑、贵贱的等级制政治秩序和社会秩序。礼不过是这一等级制政治秩序和社会秩序的“法”的形式,不过是划分权利义务关系的工具,以及承载宗族、宗法和封建社会等级制结构的载体。

一、宗族与宗法

中国传统社会是宗法社会。在了解宗法社会之前,要对宗族及其发展历史有一个大概的了解。一般来说,宗族就是以血缘关系为基础形成的亲属共同体。从历史上宗族现象出现的合法性上来看,主要是在生产力水平相对低下的历史条件下，人们出于生存和发展的现实需要逐渐形成了一种社会现象。它起源于古代氏族社会的原始氏族和家族公社。《尔雅·释亲》对宗族这一历史现象和概念给出了较为经典的论述，"父之党为宗族"。《礼记·大传》对宗族也有较为经典的解释，"别子为祖，继别为宗，继弥者为小宗。有百世不迁之宗，有五世则迁之宗"。在中国传统社会，宗族包括以男子为中介和纽带而发生的五代亲属，该亲属不包括已经出嫁的女子。如果超过五代亲属，则应分宗，即另外成立一个分支家族。每一分支家族中的男性嫡长子有承袭本支的正统性、合法性为宗族的大宗，非嫡长子分出者为旁支为宗族的小宗。在组织的方面，无论是大宗，抑或是小宗，都有共同的祖先，共同的姓氏，共同的敬宗祭祖活动。在经济的方面，祭田、学田等族产资源是支撑宗族繁荣的经济基础和物质条件。在意识形态方面，族谱、族规、家谱、家规是强化宗族或家族的共同体意识的重要手段。宗族内部全体成员要维护"生则聚族而居，死则葬入宗族墓地"这一传统。

族长、族规、族谱、宗祠、族田共同构成了宗族结构的重要组成部分，同时也构成了宗族的基本形态。族长是宗族内部政治系统的符号化的象征，族规是宗族内部政治系统的集中体现，族谱和宗祠是宗族内部意识形态的象征，族田是宗族存续和繁荣的经济基础。一般来说，族长、族规、宗祠是宗族的最基本的要素，只要设立以族长为代表的宗族组织机构，制定以管理宗族内部事务为目标的族规，建立崇拜祖宗和祭祀祖先的宗祠，一个实体化的宗族就会迅速地建立起来。

宗族在某种意义上属于一种中国式的权威体系，其内部结构复杂、功能齐全。族长是宗族的主宰，主要由宗族内部德高望重的富户担任，因而族权和绅权是紧密关联的，即族长和乡绅往往是一个人。族长兼具有行政、立法、司法、执法、财政等诸多职能，是宗族内绝对的权威，因而不仅能够管理宗族内部的事务，还能制定族规、对外交涉。族规兼有法的、伦理道德的内容,是宗族的法典、规范,具有权威性和强制性等特征。族谱不仅仅是一部家史,而且还是教科书和户籍簿,它构成了宗族内部成员联系的纽带。作为家史,族谱记载宗族的世系源流、支派辈分;作为教科书,族谱记载宗族的族规、族诫、家训及遵守这些内容的榜样人物;作为户籍簿,族谱承载着维持血缘关系的责任。宗祠兼有宗族的符号化标志和实体化机构的双重特征。宗祠不仅仅是祭祀之所,它同时还兼具有宗族聚会、事务管理、司法执法、人才培养等职能;宗祠不仅仅是"礼尊而貌严"的建筑,还是宗族的办事机构。族田是宗族的命脉。生有所养,死有所葬。族田既给宗族的存续和繁荣提供了物质保障,还为宗族活动提供了便利条件。

诚然,宗族作为一种历史现象、社会现象必然要根据社会生产力水平和具体历史条件的变化而发展出不同的存在形式。据考证,在西周时期由于其生产力发展水平的制约,中国社会发展处于家国一体的特殊的宗族组织形式,政治组织和宗族组织往往是合二为一的,政治关系与血缘关系也是合二为一的。在秦汉时期,社会生产力发展水平有所提高,政治组织与宗族组织紧密结合的社会状况发生松动,政治组织和政治关系开始以相对独立的形式发挥其作用。在汉朝末期,宗族成为封建政权及封建上层势力统治地方的重要组织和形式,其主要存在方式是门阀世家和宗法豪强。在赵宋统治时期,宗族的形成发生了一定的变化,过去那种政治组织与宗族组织紧密结合的社会状况愈发的松动,宗族成为民间社会通过联宗收族的方式自发组成的亲属集团,并且在宗族内部设有一定的组织机构及与此相适应的宗族法。该集团主要目的是维护同姓族人在政治、经济、文化等方面的利益,同时维系和稳定亲属集团内部的封建关系,在客观上巩固了封建政权的社会基础。在清朝时期,宗族势力得到空前的发展,宗法组织的特点越来越鲜明,族权成为清朝皇亲国戚维护其统治的重要手段。例如,康熙时期十分强调"笃宗族以昭雍睦";雍正时期设立族正,并授权族正辅助地方政府,在宗族内部代行国家统治权。

宗法是中国传统社会重视宗族组织的必然结果。所谓宗,就是对祖先的尊重、尊崇。《说文》中将宗解释为祖庙,而祖庙可以理解为祖先、本源、宗族等。在现代日常生活中,人们往往把正宗挂在嘴边,泛指正统派、正统的、道地的,也带有这个意思。所谓宗法,就是在血缘关系的基础上,以宗族的嫡长继承制为中心的血缘制度和封建等级制度。宗法规定了宗族内部成员应以血统远近来区别嫡庶亲疏、长幼尊卑,并且嫡长子或宗族继承人有管理宗族内部事务及内部成员权利义务的合法性。

无论是宗族或是宗法,其重要价值在于确认由人们的血缘关系推及亲属集团,再由亲属集团推及封建社会统治阶级的利益集团,乃至封建社会的生产生活秩序。宗族和宗法与封建社会的政治制度和社会秩序构成相辅相成的关系。以至于在中国几千年的传统社会中,宗族和宗法从某种意义上讲是整个封建社会盘根错节关系的根,封建社会的政治、经济、文化、制度都是必须由宗族和宗法加以维系。与其说土地是维持封建统治阶级和封建社会秩序的物质基础,毋宁说宗族和宗法是维系封建社会土地制度的、组织的、文化的和制度的保障。在这个意义上,宗族和宗法应成为中国传统封建社会的组织的、文化的和制度的基础。因此,宗族和宗法随着封建社会的兴起而形成和发展,又随着封建社会的衰败而走向没落和消亡。虽然民国时期,清王朝已经被革命所覆灭,但宗族并未马上退出中国的历史舞台,它在一定程度上仍大体上保持了清末的组织形态。随着中国传统社会的衰败和民国时期农村阶级的分化,宗族才加速走向消亡。特别是新中国的成立和社会主义制度的确立,消除了宗族赖以存在的物质基础、社会土壤、组织形态和符号象征,使宗族湮灭于无形。

值得一提的是,虽然作为维护封建社会秩序和统治阶级利益的宗族在当代中国社会已彻底改变,但作为农村社会居处形式的亲族聚居却在某种程度上仍然存续。在当代中国广袤的农村大地上,基于亲缘关系、血缘关系、姻缘关系的亲族聚居现象较为普遍。究其原因,一方面农民对于自己的宗族始终存有刻骨铭心的记忆,亲族聚居带来的宗族文化可以提供一种情感上和心灵上的归属感。另一方面,对农民个体而言,亲族聚居带来的熟人关系网络有利于为其提供较为安全可靠的政治的或经济的保障,是其生产中必不可少的依靠。宗族组织与亲族形式属于一体两面,二者都是对人们的血缘关系推及亲属集团的确认,前者属于组织形态,而后者更多的是一种文化与意识形态。从某种程度上说,新中国成立以来走向湮灭的不过是正式的宗族组织,无论是组织形式还是组织制度都已经不复存在。但非正式的亲族形式仍然直接的或间接的为当代农民提供心灵上的归属,精神上的慰藉,物质上的帮助,它在广大农村群众心里代际传承着且影响深远而绵长。

二、儒家劳动伦理与宗法等级制的社会结构

宗族和宗法不仅是中国传统社会中最基本的结构单元,而且是中国传统社会的一种深入的基层制度,构成了一种广泛的民众生活方式及组织形式。诚如上文所述,宗族和宗法在很大程度上以血缘关系为基础,以父子继承关系为轴心,辅以"五世亲尽"为外延,形成了中国传统社会的宗法等级制的基本结构与形态。而宗法社会即是封建政权与宗族合二为一的社会组织,"是以宗法伦常为原则结成的团体"①。在这样的宗法社会中,人伦关系被高度重视,"五品"中特别是父子之间、兄弟之间的关系,在某种情况中其重要程度要超越其他亲缘关系。据《尚书·舜典》记载,舜曾对启说:"百姓

---

① 范忠信:《中国法律传统的基本精神》,山东人民出版社,2001年,第85页。

不亲,五品不逊,汝作司徒,敬敷五教在宽"。这里所谓的"五品",即"父母兄弟子",兼具有血缘关系和宗法关系的双重意蕴。换言之,"五品"既体现了父子关系、夫妇关系、兄弟关系,还体现了宗子、宗妇、宗兄、宗弟、承宗的宗法关系。

由此看来,宗族和宗法在更深层面上维护了中国传统社会严格的等级制度。在宗族和宗法的社会条件下,长幼尊卑、内外有别被奉为至上法则,而这一法则被封建政权加以肯定和运用,生成了中国传统社会上下、尊卑、贵贱的等级制政治秩序和社会秩序。礼不过是这一等级制政治秩序和社会秩序的"法"的形式,不过是划分权利义务关系的工具,以及承载宗族、宗法和封建社会等级制结构的载体,其根本目的之一是将这种封建等级秩序固定下来。正因如此,《左传·昭公七年》有云:"天有十日,人有十等,下所以事上,上所以共神也;故王臣公,公臣大夫,大夫臣士,士臣皁,皁臣舆,舆臣隶、隶臣僚,僚臣仆,仆臣台"。又据《说文》有云,"父"字是"巨也,家长率教者,从又举杖",这个字的本身就含有统治和权力的意味,并不仅仅是一种亲子关系。关于这一点很容易理解,"宗"从其内在含义来看表达了一种统率的意思,而作为继承祖宗的宗子自然也继承了统率权,所以宗子往往拥有整个宗族的祭祀权和财产权。例如,周朝时期武王有祭祀权而周公却没有。[①]可见,宗族既是一种基于血缘关系的亲属关系,又是一种在血缘关系基础上形成的具有依次的财产差别和权利上的等级关系。从个体的尊严与价值到整体的社会理想,都必须严格地伫立在以上下、尊卑、贵贱的等级制政治秩序和社会秩序之上,个体和集体的社会地位都是被宗法人伦所规定的,特别是个体在某种意义上都没有完整的人格可言。个体和集体都必须在宗法等级制的社会结构中寻求自己的位置和归属。

---

① 参见瞿同祖:《中国法律与中国社会》,中华书局,1981 年,第 1 页。

　　中国传统的宗法等级制社会,对儒家劳动伦理的形成发展产生了决定性的影响。根据唯物史观的理解,人类社会从原始社会向封建主义社会逐渐演进的过程中,东西方以其自身的特点走出了不同的发展道路。西方社会在原始氏族社会和奴隶制社会时期,生产力发展水平较高,较早地出现了铁质的生产工具,加上个体生产水平和私有制发展相对较快,促使西方氏族社会内部因个体占有生产资料导致的贫富差距分化加剧,从而较早地孕育出权利本位传统、个人主义精神和法治主义思想。东方社会更多走出的是一条亚细亚生产方式的发展道路。东方社会在原始氏族社会和奴隶制社会时期,生产力发展水平相对较低,个体生产能力水平和私有制发展较慢且不够充分,这一现实的社会条件造成东方社会仍然要过度依赖集体生产,加上东方社会繁盛的人口数量及生产组织具有的公共职能,[①]使中国古代社会具有宗族、宗法和宗法等级制的重要特征。因此,中国传统社会的宗法等级制度是从中国原始氏族父系社会逐渐演变而来。例如,西周的宗法等级制的周王,即是由父系家长转化而来的国王,由此孕育出中国独有的义务本位传统、整体主义精神和人治主义思想。从某种意义上看,宗法等级制社会对儒家伦理的形成发展产生了决定性的影响。周朝时期中国宗法等级制社会逐渐形成,周人制度有三大重要创新:一是立子立嫡之制,二是庙数之制,三是同姓不婚之制。周人制度加剧了宗法等级制社会的发展,使家国一体化的社会结构更加成熟、稳固。而在这种社会结构中,形成了从天子到庶人极其鲜明的等级制结构,每一个社会等级都有严格的规范要求,从而决定论周朝的伦理观念,既是宗法等级制度的反映,又反过来为宗法等级制度服务。正如学者侯外庐所说:"为了维护宗法的统治,故道德观念亦不能纯粹,而必须与宗教相结合。就思想的出发点而言,道德律与政治相结合。"[②]这种等级结

---

①　参见侯外庐等:《中国思想通史》(第一卷),人民出版社,1957年,第17页。

②　侯外庐等:《中国思想通史》(第一卷),人民出版社,1957年,第95页。

构也决定了中国古代社会在社会调控体系方面的重家族、重血缘、重道德的特性,并进一步确立了儒家的德治传统和伦理思想。

第二节　儒家劳动伦理的思想特点

强调"忠"和"孝",并以此形成了与宗法关系紧密结合的思想和文化体系。宗族和宗法作为维护封建社会秩序和统治阶级利益的工具,对维护"亲亲""尊尊"的"孝亲"十分推崇,从而演化出君权与父权紧密联系,互为辩护的历史状况。对于前者,儒家伦理与宗法关系紧密结合,使儒家伦理具有鲜明伦理宗法特征。对于后者,儒家伦理与政治紧密结合,使儒家伦理具有鲜明伦理政治化特征。

一、与宗法关系紧密结合的特点

儒家劳动伦理一个最突出的特点就是强调"忠"和"孝",并以此形成了与宗法关系紧密结合的思想和文化体系。诚如上文所述,学者侯外庐已经揭示出中国传统氏族社会进入文明社会的特殊路径,即从氏族、宗族到国家,最终形成宗族与国家合二为一的社会与历史的演进路径。这与西方社会从氏族到私产、从私产再到国家,最终形成国家代替氏族的社会与历史演进路径迥然不同。东方社会特别是中国社会把国家建立在血缘关系基础之上,并且二者合二为一,形成千丝万缕的紧密关系,创造了家国不分的特点。而西方社会则反而消灭了血缘关系,割裂了家与国之间千丝万缕的关系。东方社会特别是中国社会家国不分的"奇异结合"产生了根深蒂固的宗法制度、宗法等级制社会结构与儒家伦理思想。

儒家劳动伦理与宗法关系紧密结合,使儒家劳动伦理具有鲜明伦理宗法特征。一是儒家劳动伦理强调的"三纲五常"是伦理宗法的首要特征。"三纲五常"又称纲常,是儒家劳动伦理所提倡的人与人之间的道德标准,其中三纲指父为子纲、君为臣纲、夫为妻纲,五常是指仁、义、礼、智、信。"三纲五常"以维护血缘关系及中国传统社会上下、尊卑、贵贱的等级制政治秩序和社会秩序为目的,构成了封建主义社会道德的基础性原则和基本行为规范。二是由孝至忠,忠臣孝于一体,儒家劳动伦理与政治紧密结合,从而形成了修身、齐家和治国、平天下的修齐治平政治理想和社会理想,巩固了家国一体的、特殊的宗族组织形式。三是儒家劳动伦理强调家训、家规、家教、教养、家风等,通过在宗族内部强化孝亲文化和泛爱文化来巩固封建主义社会以血缘关系为基础的宗法等级制社会结构。四是儒家劳动伦理在处理人与人、人与自然的关系问题上始终强调敬天法祖文化和"天人合一"境界,希望从天人关系中论证封建主义社会以血缘关系为基础的宗法等级制社会结构的合法性。

把握儒家劳动伦理的伦理宗法特征,关键在于对维护"亲亲""尊尊"的"孝亲"的理解。在儒家劳动伦理的思想体系中,"孝亲"是上位的道德规范,其他道德规范或是对"孝亲"的演绎,或受到"孝亲"的支配和影响。孔子在《论语·子路》中有云:"宗族称孝焉,乡党称弟焉"。这即是说宗族的人称赞他孝顺,乡里的人称赞他友爱。这句话原本是子贡和孔子之间关于如何理解和认识士的对话。子贡问道:"怎样才可以叫作士?"孔子说:"自己在做事时有知耻之心,出使外国各方,能够完成君主交付的使命,可以叫作士。"子贡说："请问次一等的呢?"孔子说:"宗族中的人称赞他孝顺父母,乡党们称他尊敬兄长。"可见,士与孝之间存在紧密的联系。

随着宗族和宗法的发展,封建主义社会对血缘关系愈发的依赖,"孝"的价值和意义也随之提高。孔子在《为政》中有云:"孝慈则忠"。这句话是季康子与孔子之间关于如何使人们恭敬、忠诚、勉励的对话。季康子问:"使民敬,忠以劝,如之何?"子曰:"临之以庄则敬,孝慈则忠,举善而教不能则劝。"大意是说季康子问孔子:"如何使人们保持恭敬、忠诚、勉励呢?"孔子说:"严肃认真对待他们的生计,他们就会恭敬地服从政令;孝顺和慈爱并举,他们就会忠诚;任用善良有能力的人,并且教育帮助没有能力的人,他们就会互相勉励而努力从事生产了。"可见,孔子已经把忠视为孝的表现,或者说忠的本质是孝。这说明忠和孝之间已存在着不可分离的内在联系,实际上孔子已把孝视为国家政治生活中一条基本的也是最重要的政治道德原则。至此,孔子不仅把"孝"视为君子所务之本,"孝"是调节宗族内部族人之间的生产生活关系的伦理道德规范,而且将其地位和作用扩大到以血缘关系为基础的整个封建宗法等级制社会的诸多领域,"孝"成为调节人们行为职能的一种社会法则。在这个意义上,作为伦理规范的"孝"必然要在一定程度上约束宗族内部父子关系和封建国家的君臣关系。《中庸》将孔子的"君君臣臣,父父子子"的思想运用到极致,明确了"子以事父,臣以事君,弟以事兄,朋友先施之"的四伦原则,后来这一原则又扩展为君臣、父子、夫妇、兄弟、朋友的五伦。

由此看来,在以血缘关系为基础的封建宗法等级制社会结构中,虽然"忠"的伦理道德原则十分重要,但"孝"的伦理道德原则要优先于、高于"忠"。因为在孔子那里,君君臣臣、父父子子的关系已经十分明确了,他把君臣关系同父子关系一样视为一种并列的关系,而孔子的嫡孙子思又将这种关系归于宗族内部关系,使得家国浑然一体、合二为一。这表明,在以血缘关系为基础的封建宗法等级制社会结构中,"君君臣臣"就像"父父子子"一样不过是血缘关系的外在表现,君权在相当程度上可以视作为父权的扩大,君权的内容也可以在相当程度上可以视作为父权内容的引伸,如维系君臣关系所强调的"忠"是对维系父子关系所强调"孝"的引伸。从孔子到子思,儒家伦理完成了以宗族或家庭为中心的"五伦"伦理和人伦关系建构,于是儒家伦理思想获得了极其鲜明的宗法特征。

儒家劳动伦理与宗法关系紧密结合几乎被中国传统社会所沿袭,从而使得儒家劳动伦理的伦理宗法特征被历代大儒所强化。从先秦到汉唐,"孝亲"的伦理道德原则被逐渐发展成为一套丰富的、严谨的、严密的宗法体系,并抽象概括出"五伦""十义""三纲""五常"等内容。到了宋代,儒家的这种伦理宗法特征进一步被强化,使儒家劳动伦理更具有思辨性,深刻影响了人们的心理状态、生活方式和思维方式。

二、与政治紧密结合的特点

儒家劳动伦理另一个突出的特点就是与政治紧密结合。儒家劳动伦理的这一特点是由其第一个特点衍生的。这就是说,儒家劳动伦理与政治紧密结合是以血缘关系为基础的封建宗法等级制社会自我发展的必然结果。诚如上文所述,宗族和宗法作为维护封建社会秩序和统治阶级利益的工具,对维护"亲亲""尊尊"的"孝亲"十分推崇,从而演化出君权与父权紧密联系,互为辩护的历史状况。正所谓君权借父权以立,父权借君权以行。"君君臣臣"就是"父父子子"在国家政权层面的体现,而"父父子子"就是"君君臣臣"在宗族内部血缘逻辑的具体展开。君权对父权的扩大,君臣关系对父子关系的引申,即是最好的证明与体现。于是,伦理与政治发生了密切的关联,作为调整宗族内部关系的伦理道德被扩展至全社会,并成为维护以血缘关系为基础的宗法等级制社会结构的重要原则。中国传统社会强调"以孝治天下"，特别是董仲舒提出"罢黜百家，独尊儒术"的建议后，孝道由家庭伦理扩展为社会伦理、政治伦理，成为贯穿两千年帝制社会的治国纲领。可见，"以孝治天下"在这个意义上是儒家劳动伦理与政治紧密结合的产物，它带有伦理道德的与政治的双重含义。

　　伦理与政治紧密结合成为儒家劳动伦理的重要特征，其原因在于"礼治"逐渐成为统治阶级的需要。一个王朝从衰弱到覆灭，往往要经历一个相当漫长的过程。在此过程中，源自于君王个人的原因对王朝的覆灭起到了加速的作用。周朝统治阶级认识到商纣王荒淫无道、残暴苛政带来的弊端，认为应从纣王的身上吸取王朝覆灭的教训，对商朝历代统治者的个人行为加以限制和约束。因而，"以德配天"防止"惟其不修德，乃早坠天命"逐渐成为周朝统治阶级的政治需要。而孔子强调统治阶级应坚持"礼治"的相关思想和观点正迎合了这种需要。孔子在《论语·颜渊》中有云"克己复礼归仁"，正是"礼治"的思想的体现。孔子在与颜渊探讨"仁"的问题时，他认为"克己复礼为仁。一日克己复礼，天下归仁焉。为仁由己，而由人乎哉？"颜渊进一步说道"请问其目"，孔子答道"非礼勿视，非礼勿听，非礼勿言，非礼勿动"。换言之，只要努力约束自己，使自己的行为符合礼的要求，就能够达到"仁"的理想境界。具体应当如何去做？孔子认为，不符合礼的事，就不要去看、不要去听、不要去说、不要去做。"克己复礼"把"礼"和"仁"紧密结合，前者是表，后者是里；前者是体现，后者是本质；前者是过程，后者是出发点。除了"克己复礼"，孔子还提出了"仁爱"的思想，即"仁者爱人"。在《论语·颜渊》中，樊迟向孔子请教了关于"仁"的问题，孔子给出的答案即是"爱人"。所谓"爱人"就是在血缘关系框架内孝、悌、忠、义，对父母尽孝，对兄弟姐妹尽悌，对君主尽忠，对百姓尽义。于是在孔子看来，"仁"就成为血缘关系社会中每一个人所应当坚守的道德责任与人伦义务，这种责任与义务成为人与人之间关系的纽带,维系着血缘关系社会的各种社会关系。正所谓"为政以德,譬如北辰,居其所而众星拱之"。更重要的是,孔子希望统治者有仁德,能够做到仁政,进而"仁"的思想要对统治阶级起到一定的约束。孔子这种考量是合理的,因为古代社会统治阶级对普通百姓采取的阶级压迫政策使他们处于被剥削、被压迫的地位,如果统治阶级对广大的劳动人民的剥削、压迫不能够有所限制,那么整个社会将处于不断革命、再革命的动荡之中。当然孔子所提倡的"德治"和"礼治"具有一定的偏颇,给广大被剥削被压迫人民以渺茫的希望,让他们把全部的希望寄托于明君圣主。

孟子的"仁政"思想继承和发展了孔子的"德治""礼治"思想,进一步促进了伦理与政治的紧密结合。孟子在《公孙丑》中有云:"人皆有不忍人之心,先王有不忍人之政矣。以不忍人之心,行不忍人之政,治天下可运之掌上。"这句话是说,每个人都有怜爱别人的心情,前代圣王有怜爱别人的心情,于是才有怜爱百姓的政治。用怜爱别人的心情,施行怜爱百姓的政治,治理天下就可以像在手掌心里运转东西一样容易了。孟子此处实际上是基于某种心理谈其"仁政"思想的。换言之,"仁政"是由"不忍人之心"生发出来的。孟子在《梁惠王上》中又有云:"老吾老,以及人之老;幼吾幼,以及人之幼。天下可运于掌。"这句话是说,敬爱自己的长辈,进而也敬爱别人的长辈;爱抚自己的孩子,进而也爱抚别人的孩子。这样治理天下就可以像在手掌心里运转东西一样容易了。无论是"不忍人之心"的思想,还是"老吾老,幼吾幼"的观点,孟子都十分强调道德主体对客体的责任与义务,认为人要首先承担应有的道德责任与义务,才要求他人对自己承担一定的道德责任与义务。因此从逻辑顺序上看,强调先己后人是孟子"仁政"思想的一个特点。值得一提的是,从孔子到孟子,从"德治""礼治"到"仁政",儒家劳动伦理发展出了一套关于道德良心的完整伦理体系,而这一体系也带有明显的政治色彩,即要求统治阶级能有政治良心,约束自己的言行、品行。

到了汉代大儒董仲舒，他的"以德为国"的思想将伦理与政治紧密结合的程度推到了一个全新的高度。董仲舒认为，国家统治"不能独以威势成政，必有教化"。道德教化在国家统治的地位和作用与"威势"一样巨大。而君为臣纲、父为子纲、夫为妻纲既属于政治范畴，又属于道德范畴。正所谓"文德为贵而威武为下，此天下之永全也"，国家统治既要讲求政治手段，也要看重道德教化，在有些时候德治更重要。重视"法治"而不重视"德治"的结果，必然是"法出而奸生，令下而诈起，如以汤止沸，抱薪救火，愈甚亡益也"。也就是说，无论什么样的"法治"都不能够制让人们不犯过失，仅仅重视法律的严苛而忽视伦理道德的教育，就会出现"法出而奸生，令下而诈起"，这个法令一出台、一公布，奸诈的行为就产生；这个命令一下达，欺诈的行为就兴起的现象，就像"以汤止沸，抱薪救火"一样，使事情发展的越来越严重，于事无补。在严刑峻法之下，人们不是不去作奸犯科了，而是作奸犯科的形式越来越隐蔽了。由此看来，董仲舒认为社会治乱、兴衰的根本，在于伦理道德的教育，而不在于法律的严苛。人心正，则国治；人心邪，则国乱。如此一来，董仲舒完成了政治伦理化和伦理政治化的双向进程，其结果必然使得作为伦理道德的"纲纪"同时兼有政治"纲纪"的功能，政治"纲纪"也同时兼有道德"纲纪"的功能。例如，君为臣纲、父为子纲、夫为妻纲就兼有政治的和伦理道德的"纲纪"功能。当然政治伦理化和伦理政治化的实现，必须通过宗族、宗法和以血缘关系为基础的封建宗法等级制社会结构来完成。在宗族内部，由于道德"纲纪"既是伦理道德的规范，又是国家的法律规范，族长完全可以凭借这一伦理道德的规范和法律规范处置宗族内部事务而无须通过地方政权。从这个意义上，董仲舒的"以德为国"思想，进一步加速了族权与绅权的紧密结合，使宗族在一定程度上兼有家族和政权的双重职能，从而使政治伦理化和伦理政治化得到了组织保障。

第三节　儒家自强思想与现代功利伦理

儒家的自强思想是中华优秀传统文化的重要理念。儒家的自强不息的思想理论更强调个体基于伦理道德观念的奋发拼搏精神,有着强烈的入世之韵味。儒家这种强调自强的伦理思想与现代中国强调艰辛奋斗、勇于奋斗、长期奋斗的自强不息精神一脉相承。自强不息既构成个体成人、为人的重要价值标准,又构成中华民族自立于世界民族之林的精神动力。在当代中国,弘扬和培育儒家自强不息的思想观念,对于培育和践行社会主义敬业价值观具有积极的意义。

一、自强不息与儒家的入世之道

儒家历来重视自强思想,该思想观念不仅教育、激励历史上的志士仁人奋发上进,改造自然与社会,完善个体道德品格,而且构成中华优秀传统文化中极富活力的积极成分。《易传》中曾强调了"自强不息"的思想。[①] 所谓

---

① 《易传》,亦称《十翼》,是一部战国时期解说和发挥《周易》的文献。司马迁《史记·孔子世家》说:"孔子晚而喜《易》,序《彖》《系》《象》《说卦》《文言》。"今学者认为,《易传》本于孔子,部分内容为孔门后学弟子根据孔子论说《易》理的心得、见解加以综合、生发而成,其总体则可视为孔子思想的反映。

自强不息,是指人们为一定的人生理想和现实目标而奋发拼搏的精神。孔子在《易传》中有云:"天行健,君子以自强不息"①。"天行健"从表面意思可理解为,宇宙不停的运转。古人仰观天象,首先看到的就是天空,天空的运转无一日一刻停息,周而复始,永无止境。"君子以自强不息"从表面意思可理解为,人应效法天地,永远不断地前进。"天行健,君子以自强不息"既揭示了人与自然关系的本质,体现了儒家生生不息的宇宙观,又表达了儒家奋发拼搏的人生观。

自强不息更强调个体基于伦理道德观念的奋发拼搏精神。根据《杨氏易传》记载,"发愤乃孔子自发愤,学乃孔子自学,忘食不厌,即孔子之自强不息"②,朱熹在《四书章句集注》也表达了自强不息的个体倾向,自强不息"皆在我而不在人也"③。曾国藩也强调"无人不由自立自强作出,即为圣贤者,亦各有自立自强之道,故能独立不惧,确乎不拔"④。此外不可坐吃山空、愚公移山等典故也说明了自强不息对于个体的重要性,只有奋发拼搏、辛勤劳作,劳动者个体才能发挥自己的人生价值,才能有所作为。

自强不息还构成了儒家的入世之道。儒家强调的自强不息精神有强烈的入世态度。所谓入世,即是做事谋生,积极主动,用有限的人生、有限的条件投身社会中,努力铸造辉煌的成绩。道家更加倾向于出世,强调"知其不可奈何而安之若命"⑤,而儒家则更加侧重入世,强调"知其不可而为之"⑥。儒家入世态度很大程度上就体现在"自强不息"精神上,自强不息的精神实质是一种以主观意志去克服外在条件的约束与限制的积极进取精神。从个

---

① 《易传·乾·大象》。
② 《杨氏易传·卷一》。
③ 《四书章句集注·论语集注》。
④ 《曾国藩文集·修身篇·刚柔互用不可偏废》。
⑤ 《庄子·内篇·人间世》。
⑥ 《论语·宪问》。

体的层面上看,自强不息是君子乃至普通劳动者个体的士气和决心。《论语》有云:"发愤忘食,乐以忘忧,不知老之将至云尔"①,《孟子》有云:"自弃者,不可与有为也"②,"不知老之将至云尔"等都是自强不息的体现。自强不息的入世态度在《中庸》中也有很好的体现。《中庸》有云:"人一能之己百之,人十能之己千之果能此道矣,虽愚必明,虽柔必强。"③这句话的大概意思是说,别人用一分功夫就能掌握的,自己下一百分功夫;别人用十分功夫能掌握的,自己下一千分功夫。如果能将这种精神坚持下去,尽管资质愚笨也必定变得明智,尽管弱小也必定强大起来。儒家几千年来所倡导的自强不息的精神,在孔子身上就得到很好的体现。实际上,孔子的一生就是奋斗的一生,也是自强不息的一生。孔子有云:"吾十有五而志于学,三十而立,四十而不惑,五十而知天命,六十而耳顺,七十而从心所欲不逾矩。"④这句话进一步诠释了自强不息的宝贵精神。儒家对自强不息的重视和强调,对后世影响深远。孙中山一生为革命事业奔走三十余年,面对重重困难他始终坚持自强不息的宝贵精神,他曾认强调对待革命事业要"精诚无间,百折不回",要"吾志所向,一往无前,愈挫愈奋,再接再厉"。⑤ 我们能看到一种自强不息的宝贵精神在一位忧国忧民、为国为民、乐国乐民的革命先驱者身上闪耀。

总之,自强不息是中华民族五千年勤劳奋斗智慧的结晶,它与中华文明的历史进程紧密联系,逐渐积淀为中华民族精神,构成了儒家劳动伦理的重要内容。从某种意义上,儒家的自强思想既表达了中国人的性格特征和精神特质,又集中表达了中华民族积极进取的人生态度。

---

① 《论语·述而》。
② 《孟子·离娄上》。
③ 《礼记·中庸》。
④ 《论语·为政》。
⑤ 《孙中山选集》(上卷),人民出版社,2011 年,第 120 页。

二、儒家自强思想的伦理精神品格

儒家的自强思想，还富有独特的时代内涵和伦理精神品格。儒家自强不息思想作为对中国人的性格特征和精神气质的伦理表征，具有特定的伦理精神品格，主要体现在四个方面：

一是刚健的品德。张岱年将中国传统文化品格的形成概括成"刚动——柔精——刚动"的三阶段，他认为："中国思想之发展，简括而论之，也可以说只三大段，原始是弘毅刚动的思想，其次是柔静的思想，最后否定之否定，又必是弘毅刚动的思想"[1]。儒家非常看重刚健自强。《论语》中有"刚毅木讷近仁"[2]之说，又有"士不可以不弘毅"[3]之说，都是刚健思想的体现。《周易》也有云："大哉乾乎！刚健中正，纯粹精也。"[4]"刚健而不陷，其义不困穷矣""大有，其德刚健而文明，应乎天而时行""大蓄，刚健笃实辉光，日新其德"[5]。实际上，自强不息在某种意义上蕴含一种刚健、主动、有为的伦理精神品格。在对待人生的态度上，个体的做人做事坚持原则而不随从、不附和，属于自强不息；在接人待物的原则上，坚持个体的自觉性而不卑躬屈膝于强权，属于自强不息。孔子推崇《周易》，强调自强不息，实质上就是对刚健品格的肯定和认可，因而刚健的品德构成儒家自强不息的伦理精神品格。

二是独立的人格意志。儒家历来重视人伦关系，但这种人伦关系在某种意义上是在以宗法关系为基础的集体共同体中的人伦关系。自强不息就

① 《张岱年全集》（第8卷），河北人民出版社，1996年，第198页。

② 《论语·子路》。

③ 《论语·述而》。

④ 《周易·乾卦·文言》。

⑤ 《周易·象传》。

是要维护内在的人格尊严和独立的人格意志。当然在儒家看来,个体的人格尊严和独立的人格意志是集体共同体赋予的;离开了集体共同体,人格尊严和独立的人格意志就失去了根基。因此,个体的不息自强在伦理关系上强调以摆正与集体之间的位置,处理好个体与集体之间的关系为前提;在道德义务上强调个体对集体共同体的道德责任与义务。《论语》中有云:"三军可夺帅也,匹夫不可夺志也"①"志士仁人,无求生以害仁,有杀身以成仁"②。《孟子》中有云:"富贵不能淫,贫贱不能移,威武不能屈"③。儒家还将自强不息与人的本质联系在一起,认为只有自强不息的人,才是具有独立人格的人,才是一个对集体共同体有价值的人。人之为人,宝贵之处就在于能够自强不息,这是世间任何宝贵的财富所不能比拟的价值。因此强调自强不息的独立的人格意志,是儒家对个体生存和发展的基本要求。

三是宽容和谐的精神。孔子对"坤厚载物""厚德载物"十分认可和推崇,他在《易传》中有云:"坤厚载物,德合无疆。含弘光大,品物咸亨。"④这句话的意思是说,坤用厚德载物,德性与天相合而无边无际,坤道能包含宽厚而广大,众物全得"亨通"。坤厚载物的精妙论述,充分彰显了一种博大的宽容和谐精神。《易传》作为一部解说和发挥《易经》的文献,其中一些论述源自于《易经》。实际上,《易传》所述的坤厚载物,就是对《易经》中"天行健,君子以自强不息""地势坤,君子以厚德载物"观点的进一步发挥。所谓"厚德",是指"大德""高德",即最高尚的道德;所谓"载物",是指一切人物、事物。《易经》中的这两句话分别载于《易经·乾》与《易经·坤》中,看似是分开论述的,实则不是毫不相干的思想观点,两句话具有内在的关联性、有

---

① 《论语·子罕》。
② 《论语·卫灵公》。
③ 《孟子·滕文公下》。
④ 《易传·坤》。

机性。自强不息的精神必须以厚德载物为其根本,厚德载物为自强不息提供了鲜明、清晰的伦理指向。但无论是自强不息,还是厚德载物,都是对天道、地道、人道关系的精辟概括与阐释。在儒家看来,人道规律的展开是以天道、地道为前提的,同时天道、地道为人道规律的展开提供了形而上学的基础。只有那些道德高尚的人,对于世间万物才会怀有最宽广的胸襟,宽容或容忍一切人和物,达到天道、地道与人道的宽容和谐与统一。

三、儒家自强思想的现代功利化转向

儒家的自强不息精神,支撑着中华民族生生不息、薪火相传,今天依然是推进改革开放和社会主义现代化建设的强大精神力量。习近平指出:"只有奋斗的人生才称得上幸福的人生。奋斗是艰辛的,艰难困苦、玉汝于成,没有艰辛就不是真正的奋斗,我们要勇于在艰苦奋斗中净化灵魂、磨砺意志、坚定信念。奋斗是长期的,前人栽树、后人乘凉,伟大事业需要几代人、十几代人、几十代人持续奋斗。"[1]艰辛奋斗、勇于奋斗、长期奋斗,这就是现代中国自强不息的宝贵精神。因此从某种意义上看,儒家强调的自强不息精神得到了时代的转化,其基本内涵与时代要求紧密联系。

儒家自强不息精神的内涵被现代文明的功利伦理所证说。现代文明的功利伦理承认个人的正当利益,肯定个人的合法权益。人既然是感性的存在物,就必然要以物质生活的实现为历史前提。人首先要生存,才能谈及其他问题。对此,马克思曾提出:"人们奋斗所争取的一切,都同他们的利益有关"[2]。这表明,人是要受到基本物质生活限制的,在物质利益没有真正得到满足之前,要在不同程度受到物质利益的驱使,人的奋斗要与此有关。个人

---

[1]　习近平:《在二〇一八年春节团拜会上的讲话》,《人民日报》,2018年2月15日。

[2]　《马克思恩格斯全集》(第1卷),人民出版社,1956年,第82页。

的物质利益与精神利益之间是相辅相成的关系,离开个人的物质利益谈精神利益,或者离开个人的精神利益谈物质利益,都是一种有害的做法。这就要求在对待和处理群众利益时候,既不能单纯地强调革命精神,单纯地讲无私奉献,忽视人们的现实物质需要,也不能单纯地强调人们的现实的物质需要,忽视人们的精神家园建设。如果看不到精神利益是在一定的物质利益和物质条件上逐渐产生的,就容易陷入唯心主义。对于大多数群众来说,他们的自强不息首先就是要解决物质利益的问题,否则离开生存和物质利益去谈自强不息就会陷入唯心主义的荒谬境地。从这个意义上看,现代文明的自强不息精神是与个体利益有关的。

然而现代文明所讲的功利伦理,不仅仅是重视个体的物质利益,还包括他人的利益。功利伦理不等于功利主义伦理,不等于利己主义伦理,更不等于极端个人主义伦理。现代文明所强调的功利伦理,是在承认个人物质利益或个人精神利益的基础上,对集体利益的主张。在我国社会主义现代建设过程中,党和国家是承认个人的物质利益需要的,也承认人民群众的物质利益需要。诚然,现实的、感性的个体都要生存和发展,都必须依赖他人的社会化劳动而存活,因而个体都应有他一定的物质利益。当然承认个人的物质利益不等于否定集体的物质利益,也绝不是提倡所有人都要向“钱”看。由此可见,我国在促进现代文明发展的历史过程中,不仅保障和促进个人物质利益的满足,而且还保障和促进集体物质利益的满足。现代文明所讲的功利伦理,是在保障和促进个人物质利益满足的基础上,统筹个人利益与集体利益,兼顾个体、集体、国家的利益。当个体利益与集体利益冲突时,适当牺牲个人利益以促进和保全集体利益、国家利益,而集体和国家应补偿个人利益的损失。

现代文明所讲的自强不息,即艰辛奋斗、勇于奋斗、长期奋斗,其根本目的在于满足个人物质利益的同时,也要为推动社会进步和文明的发展做出个体的贡献。因此自强不息绝不意味着唯利是图,恰恰相反,它与现代功利伦理一样,意味着通过个人的艰辛奋斗与刻苦努力,最终实现个体价值与社会价值的统一、个体利益与集体利益的统一。这即是现代文明所讲的自强不息的现时代内涵。

第四节 儒家忠勤思想与集体主义伦理

儒家克己尽责的忠勤思想既是儒家强调统治者应当遵循的理想性政治原则,又是儒家强调个体在生产劳动与社会生活中应当遵守的现实性道德原则。虽然儒家思想有较强的政治指向和政治味道,但就克己尽责的忠勤思想却有浓厚的道德意蕴和伦理指向。特别是忠勤思想体现出的办事公正,没有私心;锲而不舍,专心致志;做好本分,忠恕而仁,正是现代社会所需的难能可贵的伦理观念,逐渐成为现代社会忠勤伦理建构的宝贵思想资源,并丰厚滋养着现代社会的进步和现代文明的发展。

一、忠勤思想的基本内核

克己尽责是忠勤思想的基本内核。儒家思想作为一个思想体系,具有较强的政治指向和政治味道。但就克己尽责的理论指向来说,儒家的忠勤思想是少有的淡薄政治味道的思想观念。也就是说,儒家的忠勤思想更多的是具有伦理指向，而非政治指向的思想观念。所谓克己尽责，具体体现在以下三个方面：

一是强调办事公正，没有私心。《论语》记载"子张问政"之事，孔子有云："居之无倦，行之以忠。"①这即是说，在任一方必须要懂得勤政，而不能懈怠；对于上级的命令和国家的命令，要懂得忠实，而不能大打折扣地执行。《论语》中的"居之无倦"就是勤奋、尽责的意思，它的本意是强调为政者要勤奋尽责、忠于职守、孜孜以求、不能松懈倦怠，但自天子以至于庶人，"居之无倦"都普遍适用。普通的个体劳动者也要有办事公正、没有私心、乐以忘忧、乐此不疲的工作境界。仿照《孝经》体例而作的儒家经典《忠经》有云："忠者，中也，至公无私"②。所谓"中也"就是公道，无私心。因此忠勤就是克己尽责，办事公正，没有私心。

二是强调锲而不舍，专心致志。反对半途而废、三心二意，强调终身努力并且持之以恒是儒家忠勤思想十分看重的。孔子本人就是践行忠勤思想，追求锲而不舍，专心致志的典范。《论语》曾记载叶公向子路询问孔子是个什么样的人的故事。"发愤忘食，乐以忘忧，不知老之将至"③，这是说，孔子发愤用功，专心致志到了忘记吃饭的程度，沉溺于学有所得的快乐中而忘记了忧虑，甚至自己即将进入老年了都不知道。这表明，孔子认为自己是一个专心致志、对事业目标锲而不舍的人。孟子也十分看重锲而不舍的忠勤精神。《孟子》有云："君子创业垂统，为可继也"④，这即是说，人们应当积极创立功业，传之子孙，一代一代地继承下去。如果不专心致志，对功业事业锲而不舍，如何想要一代代继承功业？因此强调对功业事业锲而不舍的永

---

① 《论语·颜渊》。
② 《忠经·天地神明》。
③ 《论语·述而》。
④ 《孟子·梁惠王下》。

恒追求是孟子的重要观点。《荀子》中有云："锲而舍之,朽木不折;锲而不舍,金石可镂"①。作为整部景点作品的第一篇,荀子十分重视锲而不舍对于某一目标的不懈追求。朱熹把敬业与忠勤联系在一起,强调"敬业者,专心致志以事其业也"②,忠勤成为敬业是核心内容。

三是强调做好本分,忠恕而仁。儒家的忠勤思想还蕴含着对忠恕而仁的道德追求。《论语》有云："夫子之道,忠恕而已矣。"③曾子曾把孔子的思想体系和学说概括成"忠"和"恕",认为这是孔子思想的精华和精髓。从做事的角度看,所谓"忠",就是做好本分之事;所谓"恕",就是以宽厚之心接人待物。做好本分意味着不能三心二意,在事业之外谋私利;以宽厚之心接人待物,就是容得下异己的事务,就是与人和谐相处,与事业相融合、相融洽。在个体的劳作中,儒家忠勤思想就是要求人们要尽忠职守,与人和谐相处。黄炎培曾认为,"对所习之职业具嗜好心,所任之事具责任心"④。这里"嗜好心"和"责任心"强调的就是热爱和无私。在忠勤的意义上,黄炎培关于敬业思想的内涵与儒家劳动伦理思想的内涵是相互契合的。由此可见,儒家忠勤思想要求劳动者在处理个人与他人、生活与事业的关系时,主张做好本分,忠恕而仁。

克己尽责所体现的办事公正,没有私心;锲而不舍,专心致志;做好本分,忠恕而仁,正是现代社会所需的难能可贵的伦理观念,并丰厚滋养着现代社会的进步和现代文明的发展。

---

① 《荀子·劝学》。
② 《朱子文集·仪礼经传通解》。
③ 《论语·里仁》。
④ 中华职业教育社编:《黄炎培教育文选》,上海教育出版社,1985年,第254页。

二、儒家忠勤思想的学理构造与思想进路

忠诚、勤奋既是儒家强调统治者应当遵循的理想性政治原则,又是儒家强调个体在生产劳动与社会生活中应当遵守的现实性道德原则。从孔子、孟子,再到荀子,完成了儒家忠勤思想基础性的学理构造,使忠勤思想兼具有理想性政治原则和现实性道德原则的双重内涵。

忠诚、忠恕是孔子理论学说的精华。虽然孔子十分重视仁、义、礼,但他却把忠诚视为自己理论的精华所在。《论语》有云:"吾道一以贯之","忠恕而已矣"。① 在整部《论语》中,提及"忠"的地方就多达18处。诚如上文所述,儒家忠勤思想中的"忠"主要强调的是克尽己责。在孔子所建构的伦理道德体系中,始终有一种道德理想贯穿始终。在某种程度上看,孔子理论学说中的"仁、义、礼"由于其自身带有的道德理想性色彩,很难完全实现。与仁、义、礼鲜明的理论指向不同,忠诚、忠恕更兼有三者的理论意蕴,且更贴近现实、易为人们所接受。在孔子看来,贴近现实生活中的"忠",就是"己欲立而立人,己欲达而达人"②,"己所不欲,勿施于人"③。作为个体劳动者,必然要在一定关系中谋求生存和发展。这就是说,个体要在一定的社会组织中从事生产劳动,要在一定的社会单位中实现自己的社会生活,这就涉及"人己关系"问题。对于封建主义生产关系来说,孔子所倡导的忠诚、忠恕伦理由于带有普适性,因而能够很好地发挥调节人己相互关系的作用。

孟子丰富了忠诚、忠恕的思想内涵。孔子所主张的忠诚、忠恕,是从人的良心出发,要求人们从主观意愿的角度做到克尽己责。忠诚、忠恕的道德

① 《论语·里仁》。
② 《论语·雍也》。
③ 《论语·卫灵公》。

践履主要来自于内部动机、内在动力。孟子似乎是意识到孔子忠诚、忠恕主张的这一特点，他从外在约束的角度强调了忠诚、忠恕的意义与价值。例如，孟子强调"闻诛一夫纣矣，未闻弑君也"①，如果帝王不能克尽己责，反而骄奢淫逸，那么臣子可以效法商汤流放夏桀或武王讨伐商纣，矫正或校正帝王的德行。

荀子强化了忠诚、忠恕伦理原则的政治导向。与孟子从性善立论不同，荀子从性恶立论，强调要以外部强权维持忠诚、忠恕的伦理原则。《荀子》有云："欲治国驭民，调壹上下，将内以固城，外以拒难，治则制人，人不能制也，乱则危辱灭亡可立而待也。"②所谓治，就是让上上下下的人都忠于自己。这句话意思是说，帝王君主要想治理好国家，统率或控制好百姓，就必须协调统一上上下下，使他们对内可以用来巩固统治，对外可以用来抵御外敌进犯。国家治理好了，就能制服别人，而别人不能反对自己。国家治理不好，危辱灭亡的局面就很快到来了。荀子这种主张，很大程度上修正了孔子伦理主张，即修正了从人的主观意愿践履忠诚、忠恕道德原则。荀子还修正了孟子的伦理主张。与孟子强调的"闻诛一夫纣矣，未闻弑君也"③不同，荀子强调："有大忠者，有次忠者，有下忠者"，"以德覆君而化之，大忠也；以德调君而辅之，次忠也；以是谏非而怒之，下忠也"。④ 忠诚分三等，头等忠臣、次等忠臣和下等忠臣。用德行感化、熏陶帝王的是头等忠臣；用德行调养帝王却辅助他，是次等忠臣；用道理劝谏、劝阻帝王的错误却触怒了他，是下等忠臣。荀子把强烈的政治导向融于忠诚、忠恕伦理原则之中，并且把忠诚、忠恕伦理原则做了外化和规则化的处理，削弱了忠诚、忠恕的伦理味道。

---

① ③ 《孟子·梁惠王下》。

② 《荀子·君道》。

④ 《荀子·臣道》。

三、儒家忠勤思想的现代语境

儒家忠勤思想以理想性道德原则和现实性政治原则为基础,在父慈子孝伦理道德基石之上,强调对血缘关系的克己尽责和对君父的克己尽责。这种建立在封建社会宗法血缘关系基础之上的忠勤伦理思想,与封建社会生产关系和社会结构的联系非常紧密,适应和满足了封建社会上层建筑对人们生产生活的要求。

然而这种古老的伦理思想,在历经中国近代革命运动的洗礼和文化省思后,逐渐成为现代社会忠勤伦理建构的宝贵思想资源。作为维护封建等级秩序的观念上层建筑,儒家忠勤思想连同封建皇权一起被中国近代革命及新文化运动摧毁了。由此一来,儒家忠勤思想与封建社会政权相互维系的关系就难以为继,但是这并不等于儒家忠勤思想的历史价值就因此丧失了。作为一种伦理观点,忠勤思想中蕴含的宝贵的思想精华为现代社会所需要,为现代公民在职场生活中培育忠诚美德所需要。例如,现代企业迫切需要忠诚美德以凝聚人心,以提高劳动者对企业文化和价值目标点认同。对于用人企业与劳动者之间的伦理关系问题、劳动者的职业操守等问题,也都需要构建忠诚美德加以调节和解决。诚如上文所述,传统儒家忠勤思想兼具有道德理想性与政治现实性双重特征。但自新文化运动以来,儒家忠勤思想逐渐剥离了伦理的政治指向性和政治现实性特征,保留了纯粹的道德指向性与道德理想性,从而使忠诚回归伦理的属性。从某种意义上来看,这种回归意味着儒家伦理约束政治行为功能的灭失。因为只有当伦理道德系统真正独立于政治系统之外时,才能保证伦理道德规范人们思想和行为的崇高性;只有当伦理道德不再成为政治的附属物和工具时,伦理道德规范才能保证其纯粹性,从而发挥其调解人际关系的作用和价值。当然,儒家忠勤思想仅仅做到剥离政治指向性和政治现实性特征是不够的,还需要同时做到忠勤思想的内涵转化。以时代要求为根本尺度,使儒家忠勤思想的内涵与时代要求紧密联系,赋予这一古老的思想以崭新的含义。例如,赋予其爱岗敬业、勤勉尽责的时代含义,提升现代公民在职业生活的认同感。在中国社会加速迈向现代化的历史进程中,儒家忠勤思想的伦理属性回归及内涵转化,将为中国社会现代化转型及中华民族伟大复兴提供精神动力。

第五节　儒家己立立人思想与现代奉献伦理

儒家伦理系统,由于其伦理系统形成的过程、特点及产生的时代背景等原因,它更重视“内圣外王”,更强调个体的道德自觉,更加主张个人应承担一定的伦理道德责任与义务。这一点与西方伦理道德系统是不大相同的。但就此认为儒家己立立人伦理体系是排除个人利益的则有失公允。儒家己立立人伦理体系对涵养现代奉献伦理有较高的价值,因为现代奉献伦理就是一种以利人利他为出发点,要求人们以“小我”融入、成就和贡献于“大我”的伦理道德原则和要求。儒家己立立人伦理体系恰恰能够成为涵养这一现代社会所需的更高层次的伦理道德观念的宝贵精神资源。

一、儒家己立立人伦理体系的奉献意蕴

儒家对待利己利他关系的根本态度,主要集中体现在“己立立人”和“己

达达人"伦理体系上。孔子有云:"己欲立而立人,己欲达而达人"①,这即是说,要想成就自己,达到自己的人生目标,就首先应该成就他人、帮助他人,并帮助他人达到人生目标。朱熹曾引用程子的观点指出:"为己,欲得之于己也;为人,欲见知于人也"②。因此,在孔子看来成就自己与成就他人是同一的。一方面,离开成就他人,就谈不上成就自己,成就他人是成就自己的途径和方式、方法。另一方面,离开自我成就,一切就毫无意义和价值,因为成就他人的最终目的是成就自己。由此看来,成就自己或成就他人都不能构成道德践履的唯一动机。值得注意的是,孔子并没有说专门利人,而是说利人是利己的前提,而利人的目的是利己。因此,儒家是奉献思想没有包含有专门利人的、专门自我牺牲的观念,但它与现代奉献伦理有异曲同工之妙。

然而也不能否认"己立立人"和"己达达人"具有强烈的利他意蕴。首先,儒家己立立人伦理体系所强调的"内圣外王"和重视个人修养的主张,具有强烈的利他意蕴。实际上,作为一种伦理道德观念,奉献在不同的伦理道德系统具有不同的具体义涵和表现。伦理道德总是包含有一种利他的意蕴,因为所谓伦理道德即是在一定的社会条件和历史条件下,调节人与自我、人与人、人与社会之间关系的行为、观点和规范的总和。善与恶、正义与非正义、光荣与耻辱、公正与偏私等原则、观点和规范都属于伦理道德涉及的对象。儒家的伦理系统,由于其伦理系统形成的过程、特点及产生的时代背景等原因,它更重视"内圣外王",更强调个体的道德自觉,更加主张个人应承担一定的伦理道德责任与义务。这一点与西方伦理道德系统是不大相同的。

其次,儒家己立立人伦理体系强调合理、适度地协调个人与他人的利

---

① 《论语·雍也》。
② 《四书章句集注·论语集注》。

益,也具有强烈的利他意蕴。当个人利益与集体利益冲突时,儒家强调要看具体情况后再采取"舍生取义"还是"舍义取生"。

最后,历代大儒在表述或解释己立立人伦理体系时,往往强调个人在"义"方面的修养,却很少强调个人在"利"方面的修养。的确,儒家己立立人伦理体系给世人一种重义轻利印象。甚至有些大儒对"义"过于重视,切断了"义"与"利"的内在联系。例如,董仲舒曾有云:"正其道不谋其利,修其理不急其功"①。这即是说,人们应当遵循正道,不应急于取利;应当恪守理性,不应急于求成。程颐也曾有云:"饿死事极小,失节事极大。"②由上述可得而知,虽然儒家己立立人伦理体系主张以利人为前提,通过利人达到利己的目的,但其伦理体系具有强烈的利他、利人意蕴。正是如此,多年以来有不少学者将儒家己立立人伦理体系视作是古代版的利他主义伦理。

儒家己立立人伦理体系是不排除个人的利益的。孟子有云:"养生丧死无憾,王道之始也"③。孟子与梁惠王之间讨论帝王之道和治国之道。当梁惠王思虑自己的勤政治国没有得到期望的效果时,孟子道出了帝王之道和治国之道的关键所在,那就是老百姓养生送死没有缺憾,这正是帝王之道的开端。由此看来,孟子承认并且十分重视普通百姓的"养生送死",因为百姓生计是帝王治理国家的基础。作为宋代大儒朱熹理学思想的重要观点,"存天理,灭人欲"的伦理主张也不完全排除个人利益。所谓"存天理,灭人欲",并不是主张消灭人的欲望,彻底排除或者否定人作为生物动物的本能欲望。相反,"存天理,灭人欲"是肯定人的合理的、适度的欲望的。朱熹认为,如果人的本能的欲求妨碍了"天理",个人的利益冲突了集体的利益,个人的欲望妨害了自然之理、万物之常理,那么需要对过分的个人的本能欲望进行抑

---

① 《春秋繁露·对胶西王越大夫不得为仁》。
② 《二程全书·遗书》。
③ 《孟子·梁惠王上》。

制。由此看来,无论是个人利益,还是生存生计,都是儒家己立立人伦理体系的内容。

二、从奉献意蕴到现代奉献伦理

所谓奉献伦理,具体是指一种以利人利他为出发点,要求人们以"小我"融入、成就和贡献于"大我"的伦理道德原则和要求。奉献伦理是现代社会所需的更高层次的伦理道德观念。奉献伦理是冯友兰十分重视的道德境界。

奉献伦理不能庸俗化。一种观点认为,奉献与个人利益是绝对不相容的,说个人利益就要否定奉献,说奉献就不能有个人利益。实际上,现代社会强调奉献,但并不否定个人的合理的、合法的利益。简言之,奉献不等于完全地放弃个人利益。现代化的核心在于人的现代化,没有人的现代化就没有真正意义上的现代化。这意味着现代社会和现代文明是属于人的社会和文明。实现人的自由而从多方面来发展是现代化的意义和价值所在。因此,现代社会特别需要激发每一位劳动者的能动性和积极性,使人的创造性力量和人的尊严、价值得到全面的彰显。一方面,要让每一位普通劳动者共享现代社会发展的成果,共享现代文明进步的成果,让绝大多数普通劳动者以饱满的热情投入生产建设中去。另一方面,现代社会的发展和现代文明的进步,必须依靠广大劳动者的劳动创造,使物质财富和精神财富得到积累。强调人的物质利益是现代化的应有之意。

在我国社会主义现代化建设过程中,也要特别注意不能庸俗化奉献伦理的问题。邓小平认为,一味地强调革命精神,一味地讲无私奉献,而忽视人们的现实物质需要,对少数的先进分子可以,但对广大群众恐怕不行;强调一段时间也可以,但如果是长期的做法则恐怕不行。如果看不到牺牲精神、奉献精神是在一定的物质条件和物质利益的基础上逐渐产生,那么就会陷入唯心主义。崇高的道德境界与物质利益并不冲突、不矛盾,因此那种强调奉献高尚却耻言物质利益的思想观念和做法,等于把奉献伦理庸俗化。构建奉献伦理是不排斥个人的物质利益的。

儒家己立立人伦理体系的奉献意蕴,对于溶解利己主义荼毒有强烈的理论价值。在儒家己立立人伦理体系中,"义利之辨"占有很重要的理论地位。难能可贵的是,在处理道德行为和功利、物质利益等关系的问题时,孔子能够做到辩证地看待义与利的关系,面对不同的问题采取不同的态度。但孔子之后的历代大儒,由于缺乏孔子的这种辩证态度往往倾向于重义轻利的立场。在人生根本态度和立场方面,孔子有云:"士志于道","君子喻于义小人喻于利"①。孔子把人们对待义利的根本态度和立场作为划分"小人"与"君子"的尺度。在对待物质利益方面,孔子有云:"富而可求也,虽执鞭之士,吾亦为之"②;"不义而富且贵,于我如浮云"③;"富与贵,是人之所欲也;不以其道得之,不处也"④。孔子没有把义利对立起来,他承认"可求"的物质利益与财富,认为只要是合理合法获得的物质利益和财富,哪怕是做"执鞭之士"也可以追求。但是,如果是"不义"的物质利益和财富,那就应当耻言"利"。在人生的价值取向方面,孔子有云:"邦有道,贫且贱焉,耻也;邦无道,富且贵焉,耻也。"③孔子认为若国家政局清明,自己仍然无所作为,贫困卑下,这是可耻的;若国家政局混乱黑暗,自己仍然浑水摸鱼,富裕显贵,这也是可耻的。由此可见,不管是"治邦"还是"乱邦",亦不管是"贫下"还是"富贵",在人生的价值取向上,皆以"道"为准则。此时,孔子似乎是"重利轻义"。由此看来,孔子在处理义与利的关系时,并不是一概而论,而是视情

---

①④　《论语·里仁》。

②③　《论语·述而》。

③　《论语·泰伯》。

况或言"重义轻利"或讲"重利轻义"。到了孟子、董仲舒等人则更侧重于"重义轻利"。孟子有云:"仁者爱人"①,"舍生而取义"②,"何必曰利,亦有仁义而已矣"③。董仲舒有云:"正其道不谋其利,修其理不急其功"④。此时,儒家己立立人伦理体系开始偏重于"重义轻利"伦理立场。不可否认,市场经济"毕竟有其固有的一些消极属性,资产阶级极端利己主义的价值观念还不时地在毒化人们的心灵,拜金主义还会在一些人的头脑中膨胀,社会主义初级阶段还存在商品拜物教"⑤。在经济社会快速发展的过程中,针对一些利己主义、拜金主义价值观念及其毒化人们心灵的现象,确需道德力量的冲刷和崇高道德境界的沁润。显然儒家己立立人伦理体系所蕴含的奉献旨趣,是溶解利己主义荼毒的有效思想武器。

儒家己立立人伦理体系所强调的个人不要因小节而影响到民族大义的思想观点,为现代奉献伦理的构建提供了宝贵的思想资源。管仲"树塞门""有反坫""不死而相桓公"等不当言行,但鉴于有"桓公九合诸侯,不以兵车,管仲之力"的功劳,孔子仍然认为:"微管仲,吾其被发左衽矣。岂若匹夫匹妇之为谅也,自经于沟渎而莫之知也?"⑥孔子通过对比管仲的不当言行与他所做的突出贡献,告诫人们不要因苛求个人的小节影响到为国家民族争取大利。这表明,国家民族的大利高于个人之小节。民族大义、民族大利在儒家己立立人伦理体系中的地位可见一斑。这不仅与现代奉献伦理强调集体利益地位的观点一致,而且也为现代奉献伦理的丰富和完善提供了思想理论的启迪。当然现代奉献伦理强调集体利益,并不要绝对放弃或否定个

---

① 《孟子·离娄下》。
② 《孟子·告子上》。
③ 《孟子·梁惠王上》。
④ 《春秋繁露·对胶西王越大夫不得为仁》。
⑤ 习近平:《摆脱贫困》,福建人民出版社,1992年,第115页。
⑥ 《论语·宪问》。

人利益。奉献伦理要讲个人利益的促进和补偿，人们出于民族大义的奉献是可以促进个人利益的实现。这就意味着人们的奉献精神和奉献行为，可以在某种条件下转化为个人的物质利益和精神利益。奉献伦理应包含物质补偿的内容和个人回报的内容，还应包含社会尊重的内容。只有现代奉献伦理能够做到这一点，每一位普通劳动者才能以自己的劳动满足自己渴望创造、发展与展现自我的需要，现代社会才能获得源源不断的发展动能。

第六节 儒家劳动伦理从传统走向现代

任何国家和社会的经济发展都有特定的伦理与价值取向，离开了伦理与价值取向，经济现代化便失去了发展的活力和意义。这同时也意味着缺乏伦理秩序，现代化事业就缺乏精神动力的支撑和参与，就难以实现社会持久进步的现代化目标。然而在规范伦理学的意义上，儒家劳动伦理把阐释和论证劳动道德原则和劳动伦理规范为己任，更多的从"应然"的角度阐释和论证，人与人之间在生产劳动过程中应该持有的思想观念和行为，从而缺乏理论分析、理论联系实际和对人们现实生产生活中的伦理道德规范应用的关注与研究。此外，儒家劳动伦理由于其带有的道德理想性特点，往往将某种伦理道德原则与要求奉为圭臬，这种道德理想性特点虽然能够使伦理道德之光温暖人间，引导人们正确的思想和行为，但却不为现代社会所接受，无法融入现代人的生产生活中。因此修正儒家劳动伦理的道德理想性，转换伦理道德话语呈现方式,转变伦理道德作用方式,是下沉儒家劳动伦理的必要途径。对于儒家劳动伦理来说,必须对其进行一定程度上的现代化视域拓展、话语转换及作用方式的转换,否则难当大任。

一、儒家劳动伦理视域的拓宽

一般来说,人们更愿意把儒家劳动伦理当作一种规范伦理学加以对待。所谓规范伦理学,更加倾向于伦理道德体系的阐述与研究。西方社会自古希腊时期就有把伦理学当作一门规范科学的思想传统。从科学的意义上说,把伦理学当作规范科学的做法确实能够为人们指明思想和行为的正确方向,进而有效地调整人们的思想和行为。这是因为道德原则与规范能够使人们认识和理解什么应该做的,什么是不应该做的。伦理道德如果要调整人与人之间的关系,解决人的责任、使命、担当和义务,就必须凭借一定的伦理道德原则与规范。但也要看到,规范伦理学作为一门规范科学,它也存有先天的不足与局限,那即是缺乏理论分析,缺少对人们现实生产生活中的伦理道德规范应用问题的关注、研究与解决。

正是在规范伦理学的意义上,儒家劳动伦理把阐释和论证劳动道德原则和劳动伦理规范为己任,更多的从“应然”的角度阐释和论证人与人之间在生产劳动过程中应该持有的思想观念和行为,为人们的思想和行为指明了正确的方向。马克斯·韦伯在其皇皇巨著《儒教与道教》中运用类型分析法对此有较为精彩的论证。

但是无论什么样的伦理道德,归根到底都必须以解决人们生产生活中的实际道德问题为己任,否则就会逐渐失去其自身的魅力与价值。儒家劳动伦理显然缺乏理论分析。儒家劳动伦理的实现形式多为伦理道德原则与规范,缺少理论联系实际以及对人们现实生产生活中的伦理道德规范应用的关注与研究。

一是，与现代社会构建的职业道德相比，儒家劳动伦理缺乏一定的普及性，其内容多从一般的意义上阐述劳动者、劳动关系、劳动正义等问题的应然状态，没有对行业进行严格的区分区别，不能面向广大的普通劳动人民。

二是，儒家劳动伦理缺乏一定的实用性，其伦理道德原则与规范的内容往往带有模糊的、笼统的特点，对伦理道德问题多采取概说的做法，而缺少对劳动者、劳动关系、劳动正义等问题的具体道德问题进行剖析与研究。

三是，儒家劳动伦理缺乏理论的多样性及时代感。虽然近代以来，儒家劳动伦理开始自我修正完善，通过关注和推动组织劳动的商业精神的形成，实现皇权社会的开明进步和工艺技术水平提高。但儒家伦理始终无法拓展自身的视域，从根本上扭转作为维护封建社会统治秩序的功用。由此可见，儒家劳动伦理的传统体系很难承载现代社会对应用性劳动伦理的期盼。

现代社会的职业构成、产业结构与社会结构，为儒家劳动伦理拓宽自身视域提供了最为坚实的物质基础。如前所述，儒家劳动伦理的传统体系本质上属于规范伦理学，其功能是维护封建社会统治秩序。从唯物史观的视域看，这是由于中国传统社会的职业构成、社会分工状况与社会结构的长期稳固，严重压制了儒家劳动伦理自身视域的扩展，使之只能停留在规范的层面而无法上升为理论的层面或下沉到应用的层面。通过产业革命，现代社会职业构成呈现多样化甚至多元化发展，产业结构和社会分工状况也发生翻天覆地的变化，社会结构更加多样且活跃。人们不再依附于土地关系、宗法关系、血缘关系，打破了封建社会身份固化的稳定的社会结构，觉醒了长期以来被遮蔽的理性思维。现代社会取得的伟大成就，促使人们在生产生活中发生着普遍的交往与联系，理性思维和精于计算被视为最有效用的原则，激发了实践理性的觉醒和成长，从而为儒家劳动伦理的主题转变提供了丰富的素材和契机：进一步淡化模糊的、抽象的、笼统的对人们生产生活中善恶问题的探讨,转而关切现实生产生活中存在的劳动正义、劳动公正及其具体问题的研究,引入权利与义务、市场与道德、生产与分配等议题,丰富儒家劳动伦理规范的现代内容。由此一来,儒家劳动伦理依托现代社会的职业构成、产业机构与社会结构,通过拓展自身理论观念视域,转变主题,才有可能从规范伦理走向到应用伦理,从而为现代社会所需要。

二、儒家劳动伦理话语及作用方式的转换

儒家劳动伦理由于其带有的道德理想性特点,往往将某种伦理道德原则与要求奉为圭臬,使其价值导向带有乌托邦的味道,从而影响儒家劳动伦理的话语呈现。这种道德理想性特点虽然能够使伦理道德之光温暖人间,引导人们正确的思想和行为,但却不为现代社会所接受,无法融入现代人的生产生活中。因此,修正儒家劳动伦理的道德理想性,转换伦理道德话语呈现方式,转变伦理道德作用方式,是下沉儒家劳动伦理的必要途径。

一是,实现相对世俗化、功利化的价值确认。西方功利主义有两条重要的价值原则,"最大多数人的最大幸福"和"合理地获得最大量的物质财富"。从话语呈现上看,儒家劳动伦理话语表达往往多为反世俗、反功利的,缺乏一定的现实感召性和世俗感染性。现代社会十分强调个体权利、个体利益,打破了束缚在人们经济理性上的精神枷锁。在利益的驱动型,人们世俗化动机和目的变得十分普遍,推动了人与人之间的普遍交往与联系。基于此,需要对儒家劳动伦理进行世俗化、功利化改造,而引入西方功利主义价值原则对其进行改造无疑是一种尝试。

二是,实现道德绝对命令向道德操作指令的作用方式转变。道德命令是人们在进行道德判断时所采用的一种方式。人们在运用道德概念、道德知识对是与非、好与坏、善与恶进行评价的过程。在道德判断过程中,一定

的道德语言是必要的,而这种道德语言往往采用"应该""应当"等具有权威特点的命令形式。道德命令是规范人们思想和行为的有效的手段,但道德决定命令则意味着将道德语言推向极致,并且使道德命令的权威至高无上。在封建社会,无论是中国的封建社会还是欧洲中世纪的封建社会,道德绝对命令在某种程度上对人形成压制、压迫。因为行政命令的权威源自于权力,道德命令的权威来自于风俗、习惯、舆论、信念、信仰等。因此,道德绝对命令对人的压制、压迫给人造成的伤害在一定范围内可能更大。现代社会厌恶道德绝对命令,反对道德绝对命令压制、压迫人,它需要劝导式的、可靠的作用方式。这意味着,在思维方式上,要变革儒家劳动伦理内在的笼统思维方式,将分析思维方式注入其中;在逻辑方式上,要变革儒家劳动伦理内在的演绎逻辑,将归纳逻辑注入其中;在呈现层次上,要变革儒家劳动伦理的话语呈现样态,根据具体问题将道德原则与规范剖解为道德一般原则与具体规范,使之化为具体化的操作指令。只有将劳动伦理的原则与规范逐渐清晰化、确定化、具体化、可靠化,才能为现代社会人们准确把握劳动伦理的道德原则与规范提供便利。

　　儒家劳动伦理话语的转换,其实质即是儒家劳动伦理内在价值的重认。而儒家劳动伦理作用方式的转换,其实质即是儒家劳动伦理内在理路的重构。二者共同推进儒家劳动伦理从规范伦理层面下沉到应用伦理层面,从而实现儒家劳动伦理从传统走向现代。

第三章

社会主义敬业价值观的传统、本质及涵养目标

敬业价值观作为一种精神和意识观念,它必然是属于人的。人是历史性的存在,人的劳动又是在一定的历史条件下发生的,因而属人的敬业价值观也就具有了历史性:敬业价值观的产生、发展到消亡,需要经历一个漫长的历史过程。敬业价值观不仅要符合历史发展的逻辑,还要内含着时代的精神。社会主义敬业价值观发轫于资本主义社会,它伴随着工人运动和无产阶级革命的胜利,使广大劳动群众逐渐形成了大公无私、英勇斗争、团结互助、不怕牺牲、公正和诚实等高尚道德品质。社会主义敬业价值观形成于社会主义建设时期,热爱劳动、诚实守信、办事公道、服务群众、奉献社会为其主要内容。到了社会主义改革开放新时期,随着知识经济时代的到来,劳动的创造性或者创新性工作日益成为评价敬业的重要尺度,与此相对应,"创新"成为社会主义敬业价值观的本质特征。而这一特征又规定了社会主义敬业价值观的涵养目标要求和层次阶段。

第一节　敬业价值观的产生与消亡

敬业价值观的产生和发展具有历史性。在原始共同体的历史阶段下，劳动处于自然状态，也就无所谓敬业。随着劳动活动的日益复杂，生产力水平的日益提高，客观上要求有一种新的观念来执行维持劳动过程的职能，敬业价值观随之逐渐产生。质言之，社会分工不仅产生了人们对利益的追求，更引起了人与人的差距和矛盾，从而产生了对劳动行为规范调节的要求。当专业化分工取代社会分工时，职业和社会分工将逐渐被消灭，但这并不意味着人们不再从事劳动，而是说"职业劳动"将被"专业化劳动"所替代，"敬业价值观"将被"自觉自愿的意识"所取代。

一、社会分工与敬业价值观的产生

敬业价值观的产生和发展经历了一个漫长的历史过程。虽然人是自然趋向于劳动的，人天生就有劳动的需要，但是人类祖先是在自然的状态下从事劳动的，对待劳动的态度十分朴素，自然也就无所谓伦理道德现象，也就不存在敬业价值观的问题。在原始社会，人们完全遵从自己自然的本能而去活动，私心、私意还未能产生，人们生产劳动中充满了原始意识和朴素态度。如果没有好逸恶劳等现象存在，那么不辞辛劳、孜孜不倦就不能得到很好的理解。置言之,如果劳动过程中不存在耍滑、偷懒、偏私等现象,那么诚实劳动、辛勤劳动、无私劳动的道德主张就不能够得到澄清和理解。

根据马克思和恩格斯的考察,在原始共同体的历史阶段下,人们的生产劳动完全依赖于自身的生理状况和自然属性,劳动智慧、才能和技术还未能发展起来,劳动和生产不具有社会性,职业没能产生。当人类的祖先还只能制作石刀、石斧或弓箭等最粗笨的劳动工具时①,处于原始社会中的个体劳动者的生存既要依赖于自然界,又要承受自然界给其带来的各种威胁,经常与自然界的各种灾害相抗争。在自然界的威胁下,个体劳动者无能为力。人们同自然界发生的这种既依赖又斗争的关系,直接决定了人与人之间的相互关系。在生活方式方面,为了在恶劣的自然条件下生存,人类的祖先最初选择的是一种原始的共同体的生活。先是氏族、部落等原始共同体,后来发展为农村公社、城市公社和行会。由于劳动工具的匮乏、粗陋和生产力水平的低下,个体劳动者的生活都必须高度依赖于共同体,或者说高度依赖于群体。在生产方式方面,物质生产劳动过程中的"分工起初只是性行为方面的分工,后来由于天赋(例如体力)、需要、偶然性,等等才自发地或'自然形成'分工"②。这种分工形式使物质生产劳动必须依靠集体的力量才能够进行,人们要想维持生存就必须依靠群体,任何人都不能够栖居于群体之外。马克思指出:"越往前追溯历史,个人,从而也是进行生产的个人,就越表现为不独立,从属于一个较大的整体。"③在这种社会形态下,个体劳动者还不能够称之为实体,只有氏族共同体才配得上是真正的实体,"个人则只不过

---

① 恩格斯认为,原始社会或者说人类的劳动史是从第一个劳动工具诞生开始的,因为"没有一只猿手曾经制造过一把哪怕是最粗笨的石刀"。参见《马克思恩格斯全集》(第20卷),人民出版社,1973年,第510页。

② 《马克思恩格斯选集》(第一卷),人民出版社,1995年,第82页。

③ 《马克思恩格斯全集》(第30卷),人民出版社,1995年,第25页。

是实体的偶然因素,或者是实体的纯粹自然形成的组成部分"①。在生产资料的占用方面,"孤立的个人是完全不可能有土地财产的,就像他不可能会说话一样……个人本身作为某一公社的成员就成为前提"②。马克思最后指出:"所有这些共同体的目的就是把形成共同体的个人作为所有者保持下来,即再生产出来。"③人们物质生产劳动过程中所结成的这种相互依赖的关系,直接决定了人们是通过共同体来意识到自己的存在。简言之,此时劳动者的主体意识尚不存在,他们的意识"同这一阶段的社会生活本身一样,带有动物性的质:这是纯粹的畜群意识"④,或者说是出自本能的意识。这表明,在原始共同体和自然分工的历史条件下,劳动者个人与整体在根本上是一致的,他们的个人利益及其主体意识没有形成,他们的劳动态度十分朴素,私有意识和丑恶现象还未能出现,一切都从属于整体、从属于劳动过程,因而劳动中也就不存在道德问题。

然而随着劳动活动的日益复杂,生产力水平的日益提高,自然分工日益不能满足人们的需要,对分工和生产合作的要求日益增加,从而产生专门的社会分工和专门的职业。"从这时候起,意识才能摆脱世界而去构造'纯粹的'理论、神学、哲学、道德等等。"⑤这就要求有一种新的东西来执行维持劳动过程职能的东西,这就是作为敬业价值观萌芽的职业责任和职业习惯。

生产劳动中的不道德现象萌芽产生于社会分工。生产工具的不断进化和生产力的不断积累,使原始社会末期逐渐产生了社会分工,"分工只是从物质劳动和精神劳动分离的时候才真正成为分工"⑥。社会分工的出现意味着一些人从事体力劳动,而另一些人从事脑力劳动,一定程度上使脑力劳动

---

① 《马克思恩格斯全集》(第30卷),人民出版社,1995年,第468页。
② 同上,第477页。
③ 同上,第486页。
④⑥ 《马克思恩格斯选集》(第一卷),人民出版社,1995年,第82页。
⑤ 同上,第36页。

者与体力劳动者之间产生对立和矛盾。同时,社会分工的出现还意味着一部分劳动者开始从事专门的生产活动,生产特定的产品,这就迫使他们必须通过交换劳动产品来满足自己所需,其结果必然造成劳动与占有相分离、生产与消费相分离。"与这种分工同时出现的还有分配,而且是劳动及其产品的不平等的分配(无论在数量上或质量上)"①。社会分工及分配的出现,使生产资料占有的问题和生活资料分配的问题愈加突出,它"使精神活动和物质活动、享受和劳动、生产和消费由不同的个人来分担这种情况成为可能,而且成为现实"②。这将意味着一部分人劳动,而另一部分人享受成为可能。如果享受之人不生产劳动,而生产劳动之人却不能获得享受,那么生产劳动之人将会逐渐丧失了主人翁感和劳动乐趣,厌倦劳动、消极怠工、逃避劳动就可能发生,生产劳动中不良的道德现象将出现。恩格斯指出:社会分工的发展,必然要求有一种新的东西来执行维持劳动过程职能的东西,把人们在生产劳动过程中固有的习惯和方式加以总结并长久的固定下来。这个规则最开始表现为习惯和伦理方面的东西,后来则成为规范和法律。③ 这里恩格斯所讲的"法律"具有双重意思:一是指习惯法,即职业责任;二是指道德法,即职业纪律与规范。

生产劳动中的道德现象同样也萌芽产生于社会分工。劳动的光荣性和神圣性与人们对劳动的需要是一致的。社会分工愈加发展,反而使社会协作愈加紧密。因为在社会分工条件下,人们的需要很难自足,人们很难独立存在,人们无法离开彼此而独立生存。劳动和占有越分离、生产和消费越分离,劳动者和占有者、生产者和消费者之间反而越是相互彼此依赖。因为没有生产劳动,就无法消费和享受;同样的,如果没有消费和享受,生产和劳动

---

① 《马克思恩格斯选集》(第一卷),人民出版社,1995 年,第 83~84 页。

② 同上,第 83 页。

③ 参见《马克思恩格斯全集》(第 19 卷),人民出版社,1964 年,第 309 页。

就失去了目的和意义,生产者劳动者就不能实现自己价值,生产和劳动中的损耗也就不能通过交换的方式得到必要的补偿。社会分工还进一步提高了生产劳动的地位,劳动及其地位就愈发变得必要和神圣,因为没有生产劳动,就没有产品;没有产品,就无所谓交换,也就无法满足人的需要。尤其是现代社会,"任何一个民族,如果停止劳动,不用说一年,就是几个星期,也要灭亡,这是每一个小孩子都知道的"①。生产劳动的地位如此重要,使各个时代的统治者和被统治者都高度重视生产劳动,从而孕育出劳动光荣、劳动崇高、劳动伟大的道德意识和道德主张。

马克思和恩格斯揭示了敬业价值观的起源,科学地说明了社会分工不仅产生了人们对利益的追求,更引起了人与人的差距和矛盾,从而产生了对劳动行为规范调节的要求,推动着敬业价值观的产生和发展。尽管敬业价值观在其产生之初还很不完善,还处于萌芽的阶段,没有成为职业道德的核心,但它一旦产生就孕育着强大的生命力,并且随着生产力和科学技术发展的需要而逐渐成为服务社会经济的重要力量。

二、专业化分工与敬业价值观的消亡

敬业价值观是在生产力发展的需求和要求下逐渐产生的,也就同样能够在生产力发展的需求和要求下逐渐消亡。

社会分工的不断发展促进了人们的职业劳动,增进了人们对职业内涵的理解。从人类文明进化的历史上看,社会分工是提高劳动生产率,促进社会生产力水平的提高的重要形式。从原始社会后期的三次社会大分工到资本主义社会化机器大生产的个别分工,社会分工的每一次发展,都在不同程

---

① 《马克思恩格斯全集》(第 32 卷),人民出版社,1974 年,第 540 页。

度上提高了生产的专业化、专门化,引起了生产技术的进步,促使新的职业产生和职业理念的革新。社会分工改变生产力中诸多因素的结合状态,使其发挥不同的作用,因而带来了社会生产部门之间、企业内部各部门之间、劳动者之间的相互协作、紧密配合,促进了人们的职业劳动,增进了人们对职业内涵的理解。

然而,社会分工的不断发展又限制了人们的职业劳动。社会分工毕竟使社会生产力有了一定的发展,但它又没有达到全面社会化这样一个历史高度。在社会分工状态下,一个人究竟是一个白领医生、蓝领工人,还是企业家,看似是他自由选择的结果,但归根到底是由社会的生产关系、社会的需要,以及他的阶级和阶层状况,他对生产资料的占有状况决定的。马克思指出:"当分工一出现之后,每个人就有了自己一定的特殊的活动范围,这个范围是强加于他的,他不能超出这个范围:他是一个猎人、渔夫或牧人,或者是一个批判的批判者,只要他不想失去生活资料,他就始终应该是这样的人。"①换言之,人们的职业选择和职业角色是被限定的。随着社会分工的日益发展,社会生产日益追求效率至上,人的职业劳动就越专业化,劳动工具就越专门化,人们就越专注于自身的职业技能、才能和生产工具,从而导致了职业经理人很难转业从事脑外科医生的工作,脑外科医生又很难转业从事发动机修理的工作。"社会活动的这种固定化,我们本身的产物聚合为一种统治我们、不受我们控制、使我们的愿望不能实现并使我们的打算落空的物质力量。"②社会分工促进生产效率的同时也迫使人们奴隶般地服从分工。这表明,社会分工的不断发展有两种效果:一种是它促进了生产和科学文化的发展,另一种是将从事某种社会分工的社会成员终生固定在狭窄的专业活动范围之内。

---

① 《马克思恩格斯全集》(第3卷),人民出版社,1960年,第37页。
② 《马克思恩格斯文集》(第一卷),人民出版社,2009年,第537页。

社会分工还限制了人的全面发展。马克思认为："生产力、社会状况和意识,彼此之间可能而且一定会发生矛盾。"①"分工包含着所有这些矛盾,而且又是以家庭中自然形成的分工和以社会分裂为单个的、互相对立的家庭这一点为基础的。"②在社会分工条件下,与职业一同发展起来的是个人的或者小集体的特殊利益,这种特殊利益不仅决定着劳动者的立场,驱动着他们的职业行为,还限制了人们的认知范围,影响着他们的情感和判断。除了认知范围,分工还限定劳动者的活动范围,限制着劳动者的身心发展,因为"劳动被分割,人也被分割了。为了训练某种单一的活动,其他一切肉体的和精神的能力都成了牺牲品。人的这种畸形发展和分工齐头并进"③。无论社会生产水平发展到什么程度,科学技术进步到什么崭新的阶段,只要社会分工不能被消灭,分工的性质不会发生改变,"只要特殊利益和共同利益之间还有分裂"④,那么人们屈从于固定的职业劳动范围和对人的畸形且片面发展就不能消失。

马克思和恩格斯站在人类历史发展的高度,在肯定旧式的社会分工对人的发展和生产力发展的积极意义后,认为包括资本主义生产方式在内的一切阶级社会的分工都属于自发的分工,随着人类社会和历史的向前发展,当社会的生产力达到全面的社会化,并且物质财富丰裕到使人的生产劳动可以根据自身的愿望和兴趣自由选择时,生产力发展自然就需求和要求一种崭新的分工形式,旧式的社会分工必然将被新式的分工关系所取代,"自发的分工"也就自然的发展到"自觉的分工",这意味着人也将在新式的分工关系下获得全面而自由的发展。

---

① 《马克思恩格斯文集》(第一卷),人民出版社,2009 年,第 535 页。
② 同上,第 535 ~ 536 页。
③ 《马克思恩格斯文集》(第九卷),人民出版社,2009 年,第 308 页。
④ 《马克思恩格斯文集》(第一卷),人民出版社,2009 年,第 537 页。

职业和社会分工一旦被消灭,任何人都没有特殊的活动范围,劳动成为自觉自愿的活动,敬业价值观也就自然走向消亡。随着生产力的进一步发展,生产关系的变革,在未来的共产主义社会中,旧式的社会分工被新式的专业化分工所取代,劳动者的智力和体力将获得全面发展,社会分工所引起的工农之间、城乡之间、脑力劳动者与体力劳动者之间的本质差别将会消失。由于社会生产力和社会财富受联合起来的个人共同控制,人们的特殊利益和社会的共同利益之间的分裂将得到真正的弥合,因而"在共存主义社会里,任何人都没有特殊的活动范围,而是都可以在任何部门内发展,社会调解着整个生产,因而使我有可能随自己的兴趣今天干这事,明天干那事,上午打猎,下午捕鱼,傍晚从事畜牧,晚饭后从事批判"①。与此同时,新的社会形态将建立起更高级、更先进、更科学的劳动组织,劳动者的劳动与享受得到统一,劳动中的不道德现象被彻底的消灭,劳动成为劳动者自觉自愿的活动,建筑在私有制和社会分工基础上的各种职业领域内的意识形态幻想也会走向消亡。正如马克思所说,在共产主义的社会组织中,完全由分工造成个人从事狭窄的专业活动的现象将逐渐被消灭,人们对分工的依赖也会消失掉。"在共产主义社会里,没有单纯的画家,只有把绘画作为自己多种活动中的一项活动的人们。"②

但是职业和社会分工的消灭并不意味着人们不再从事劳动,而是说"职业劳动"将被"专业化劳动"所替代,"敬业价值观"将被"自觉自愿的意识"所取代。新式专业化分工对旧式社会分工的否定,以及职业道德在共产主义这一历史形态中走向消亡,不应理解为劳动者不再从事劳动,劳动组织不再安排劳动者的生产实践活动。从自然分工到社会分工,从社会分工再到专业化分工,社会生产力的发展水平只是改变了分工的内容、结构、形态,而

---

① 《马克思恩格斯文集》(第一卷),人民出版社,2009年,第537页。
② 《马克思恩格斯全集》(第3卷),人民出版社,1960年,第460页。

无法消灭分工本身。社会成员在物质资料生产过程中仍然要根据自己的特长、禀赋、个性等各方面特点充当一定生产职能,扮演一定的生产劳动角色,拥有一定的劳动地位或劳动位置。在这个意义上说,在共产主义社会,分工只是劳动者地位的近义词。职业、职业劳动及敬业价值观尽管可以消亡,但生产角色、劳动及自觉自愿的意识却无法被消灭。马克思和恩格斯对社会分工的否定,认为在共产主义社会中必然不存在旧式的社会分工,是指人们在物质生产过程中的一些消极现象得到合理的扬弃,生产单位中制约人发展的因素逐渐消失,劳动不再成为一种谋生的工具,劳动者不再为商品交换而存在,人们在劳动中不再扮演"只承担一种社会局部职能的局部个人"[①]的险隘角色,即人们不再是作为律师、工程师、工人、农民等具有特殊利益、特殊职业身份的个人而存在。一句话,在专业化分工和专业化劳动下,劳动者不是片面的、畸形的发展,而是全面而自由的发展。因此,马克思和恩格斯对社会分工的否定,不能理解为对劳动本身的否定,而只能理解为对奴役劳动、强迫劳动和谋生劳动这一分工形式的否定。

三、敬业价值观具有历史性

敬业价值观的一般本质决定了,敬业价值观具有鲜明的历史性特征。敬业价值观作为一种精神和意识观念,它必然是属于人的。人是历史性的存在,人的劳动又是在一定的历史条件下发生的,因而属人的敬业价值观也就具有了历史性。敬业价值观的历史性特征决定了,敬业价值观不仅要符合历史发展的逻辑,还要内含着时代的精神。敬业价值观是人们在特定的历史时期和特定的历史条件下,通过劳动形成的能够真实反映人与自然、人

---

① 《马克思恩格斯全集》(第3卷),人民出版社,1960年,第334页。

与社会、人与自我关系的道德和伦理观念。敬业价值观的内容不是主观随意的,它继承的只能是历史发展的结果,反映的也只能是时代的精华。敬业价值观绝不可能跳出特定历史时期和特定历史条件的限定范围,而必须始终受到历史运动规律的支配。这表明,敬业价值观是以概念逻辑的主观形式表达着历史发展的客观内容,因而它具有逻辑性。

敬业价值观的历史性和逻辑性相统一的特征。敬业价值观的形式虽是主观的,但其内容则是客观的。敬业价值观的历史性和逻辑性决定了,它所表达的逻辑只能是历史发展规律在精神观念中的概括和反映;而它所承载的历史,也只能是人类社会发展和人类认识发展的结果。同时敬业价值观的历史性和逻辑性的统一,必须借助于民族的形式表达。人是民族性的存在,属于人的敬业价值观就必须借助于一定的民族形式、民族特色来表达。任何形式的敬业价值观都不能与民族形式、民族特色相分离而抽象存在:一方面,敬业价值观作为一种特殊的文化现象,它以概念逻辑的形式表达了个人生存、社会发展与民族富强的现实的统一关系,因而是逻辑性和历史性的相统一。另一方面,它不仅要受到特定时期人们的思维方式、生活方式和生产方式的规定,还要受到语言形式、文化传统的限制,因而要借助民族形式和民族特色来表达。

传统的儒家思想十分推崇"忠""勤"的敬业价值观,这种伦理观念有鲜明的时代性特征。"勤"是指"勤则不匮",意思是只要兢兢业业的辛勤劳作就不会缺少物资。在自然经济占主导地位的封建社会,生产力水平和劳动水平相对低下,而"劳动愈不发展,劳动产品的数量、从而社会的财富愈受限制"[①],食物短缺和物质匮乏是封建社会的总体特征。这就必然要求人们勤勉奋发、尽职尽责,敬业价值观就具有"勤则不匮"的时代性内涵。"忠"是指

---

① 《马克思恩格斯全集》(第21卷),人民出版社,1965年,第30页。

忠心忠诚,意思是对事业尽心竭力、恪尽职守。在封建社会,由于"生产基本上是为了供自己消费。它主要只是满足生产者及其家属的需要。在那些有人身依附关系的地方,例如在农村中,生产还满足封建主的需要"①。因而敬业价值观对人们还有忠于家业、忠于主人、忠于君王的要求。这表现在,子嗣要恪尽职守忠于祖宗的家业,农民要尽职尽责忠于封建主子,王臣要尽心竭力忠于君王国家。此外,敬业价值观在不同的历史时期、不同的地域、不同的民族,其内涵表达也不尽相同。在东方国家,敬业价值观往往表现为勤恳自强、无私奉献的艰苦奋斗精神;在西方国家,敬业价值观往往表现为职业意识、团队意识、创业精神。在东方国家,敬业价值观往往表现为勤恳自强、无私奉献的艰苦奋斗精神;在西方国家,敬业价值观往往表现为职业意识、团队意识、创业精神。

任何一项伟大的事业背后,必然存在着一种无形的精神力量。敬业价值观的这种历史性和逻辑性相统一的特征向我们表明:敬业价值观的内容不是一成不变的教条,也不是凝固不变的永恒真理;对敬业价值观的理解不能只停留在"兢兢业业"等一般层次上,要站在时代发展的新高度重新审视和理解敬业价值观。在中国特色社会主义新时代,凝练并深化对社会主义敬业价值观的认识,崇尚和推崇科学的、更能够符合时代精神的社会主义敬业价值观,对支撑社会经济的发展,促进社会文明进步,对实现"两个一百年"奋斗目标和中华民族伟大复兴有着深远的意义。

---

① 《马克思恩格斯全集》(第19卷),人民出版社,1963年,第233页。

第二节　社会主义敬业价值观的形成及内容

　　社会主义敬业价值观发轫于资本主义社会,形成于中国全面建设社会主义时期,发展成熟于改革开放新时期,中国特色社会主义新时代。伴随着工人运动和无产阶级革命的胜利,广大劳动群众继承了无产阶级高尚的道德品质,并且在社会主义建设时期进一步发展出以热爱劳动、诚实守信、办事公道、服务群众、奉献社会为主要内容的社会主义敬业价值观。其中最为宝贵的是奉献社会,它本质上属于一种"集体主义功利观",要求人们树立大局观念,把个人的局部利益融入集体的整体利益之中,倡导自我牺牲、无私奉献、艰苦奋斗、积极进取等精神观念。社会主义敬业价值观在某种意义上既是集体生活的产物,同时又是生产"集体生活"的精神条件。

一、社会主义敬业价值观形成的历史条件

　　社会主义敬业价值观发轫于资本主义社会,它是与无产阶级的阶级斗争紧密联系在一起的,并且服务于无产阶级反对资产阶级斗争的需要。随着社会主义社会的建立,社会主义敬业价值观又逐渐走向成熟,并且服务于社会主义生产和建设的需要。

　　与资本主义社会条件下的现代敬业价值观一同发展起来的还有无产阶

级敬业价值观,关于这一点恩格斯已经清楚地表明:"工人比起资产阶级来,说的是另一种习惯语,有另一套思想和观念,另一套习俗和道德原则,另一种宗教和政治"①。19 世纪前半期,资本主义机器大工业生产已经逐渐取代个体手工劳动的生产方式,成为西欧国家占有主导地位的生产方式。而随着技术的进步和生产力的进一步发展,无产阶级和资产阶级之间的矛盾日益尖锐起来。资本主义生产的机器化、社会化、工业化,以及无产阶级反抗资产阶级的斗争使得工人阶级内部逐渐形成一种人与人之间崭新的团结关系,这种崭新的关系既影响着工人的生产和生活,还影响着工人运动的发展。到了 19 世纪三四十年代,西欧发达的资本主义国家的工人掀起了工人运动的高潮,比如 1831 年年初,法国里昂工人掀起了一场以要求提高工价为主要内容的运动和起义,运动提出"不能劳动而生,毋宁战斗而死"的革命口号;1836 年至 1848 年,英国工人为了反对"统治者穷奢极欲,被统治者受苦挨饿"的现象三次情愿,积极争取自身的劳动权益;1844 年 6 月,西里西亚纺织工人为了提高工资而发动工人起义。恩格斯后来对这场起义精神大加赞赏并积极提倡,他说:"虽然他们比有产阶级更迫切地需要钱,但他们并不那样贪财;对他们来说,金钱的价值只在于能用它来买东西,可是对资产者来说,金钱却具有一种为它本身所固有的特殊的价值,即偶像的价值,这样,它就使资产者变成了卑鄙龌龊的'财迷'""尽管仁慈的资产阶级已经费尽心机,使工人们相信自己没有用处,然而到目前为止还没有成功的希望。相反地,无产者却坚决相信,他们有勤劳的双手,他们正是必不可少的人,而无所事事的有钱的资本家先生们,才真正是多余的"②。"工人就这样愈来愈觉悟到,他们团结起来就会成为一个相当巨大的力量,在最必要的时候是能够向

---

① 《马克思恩格斯全集》(第 2 卷),人民出版社,1957 年,第 410 页。
② 同上,第 573 页。

资产阶级挑战的。"①此后,欧洲工人运动持续发展,尤其是 19 世纪七八十年代,法国工人阶级的革命运动促进了无产阶级敬业价值观的进一步形成与发展。比如 1871 年爆发的法国巴黎公社起义②,工人阶级表现出了新的道德面貌,马克思在给路德维希·库格曼的信中对巴黎公社的工人的自我牺牲精神和英勇主动精神大加赞扬:"我们英勇的巴黎同志们的尝试正是这样。这些巴黎人,具有何等的灵活性,何等的历史主动性,何等的自我牺牲精神……历史上还没有过这种英勇奋斗的范例!"③19 世纪欧洲的工人运动表明,欧洲发达国家的工人已经开始觉醒。他们开始意识到机器离不开他们,资本主义机器化大生产离不开他们,自己的辛勤劳动如此重要却必须在恶劣的环境下工作,劳动创造的价值并不为自己所有。同时还意识到,在大工业制度和资本家的控制下,靠个人的努力永无天日,无法争取到应有的物质改善和社会地位。他们的思想中自然就出现了,诸如斗争、大罢工、摆脱议会民主的幻想等一些新因素。正如恩格斯所说:工人阶级的上述"觉悟是一切工人运动的重大成果"④,没有无产阶级反对资产阶级的阶级斗争及其所表现的崇高品德,也就没有社会主义的敬业价值观。工人阶级的斗争精神和革命品质,为社会主义敬业价值观的形成提供了生动的现实内容。

随着社会主义社会制度的建立和发展,无产阶级敬业价值观也发展到了一个新阶段,即社会主义敬业价值观的阶段。在社会主义条件下,整个社会的生产资料归集体或国家所有,工厂也由集体或国家接管,资本家凭借对生产资料占有的优势剥削劳动群众的现象不复存在,劳动群众能够在集体或国家开办的工厂里劳动而不在受雇于资本家,劳动的雇佣关系被消除,劳

---

① ④ 《马克思恩格斯全集》(第 2 卷),人民出版社,1957 年,第 548 页。

② 马克思认为法国巴黎公社起义是对共产主义理论的一个有力证明。

③ 《马克思恩格斯全集》(第 33 卷),人民出版社,1973 年,第 206 ~ 207 页。

动者之间的竞争和对立也随之解除。① 由于有强大的无产阶级政党领导国家,在经济领域国家实行了有计划的生产和劳动,生产和劳动的产品由集体或国家占有,经济社会发展的全部成果由全民共同所有,因而使得劳动群众之间的根本利益得到统一。全社会的任何行业或者任何职业,都成为建设社会主义事业的一个必要的组成部分,而身在其中的任何一名劳动者都成为社会主义事业的建设者。这表明,劳动者在为集体或者国家工作,也就是为全体劳动者服务,也就是为自己服务,各行各业的劳动者只存在专业分工上的不同,而不存在职业或岗位高低贵贱的区别,为人民服务成为社会主义社会劳动关系的客观要求。与资本主义社会劳动者的"为自己同时也是为他人而劳动和工作"完全不同,社会主义社会劳动者是"为他人同时也是为自己而劳动和工作",这无疑是人类职业道德史上的一个巨大的进步。由此可见,社会主义制度使无产阶级敬业价值观的特点、性质发生了历史性变化,使其获得了崭新的内容,从而为社会主义敬业价值观的形成和发展提供了前提条件。

二、社会主义敬业价值观的基本内容

如果以新中国成立为历史起点,我国社会主义敬业价值观通常可以概括为热爱劳动、诚实守信、办事公道、服务群众、奉献社会五个方面的内容。这些特点一方面继承于人类共同的职业道德及其要求,另一面则来自于工人运动的传统和社会主义建设的实际需要。

首先是热爱劳动。所谓热爱劳动就是热爱自己的岗位,热爱自己的本

---

① 社会主义社会的竞争只是劳动者之间的竞赛,资本主义社会的竞争是劳动者之间的斗争。关于这一点,马克思和恩格斯曾有过充分的论述。参加《马克思恩格斯全集》(第2卷),人民出版社,1957年,第507页。

职工作,能够尽心尽力地做好本职工作,以极其负责的态度对待自己的工作。在日常生产和劳动中,热爱劳动一般体现为对本职工作专心、认真、负责。在不同的行业和职业中热爱劳动则有特殊的体现:对于军人来说,热爱劳动就是英勇斗争;对于教师和科学研究人员来说,热爱劳动就是热爱科学、坚持真理;对于产业工人来说,热爱劳动就是埋头苦干、钻研业务、爱护国家财产和公共财物。从更深层次上看,敬业价值观必然要表达人们对劳动的尊重和崇敬。人的敬业价值观与人的劳动密不可分,它是从人的劳动中获得其本质和内容的。而劳动是人的对象化的能动的实践活动,它将人的尺度对象化为物的尺度,将自在之物能动地改造为满足人内在需要的自为之物。动物只能按照其固有的某一个尺度或者某几个尺度活动,而人由于有了劳动能以万物为尺度活动。劳动作为"整个人类生活的第一个基本条件"[1],它使人从动物界分化出来。"劳动创造了人本身"[2],劳动生产了人的本质,而人尊重和崇敬劳动。劳动是人的存在方式,而敬业价值观则是人的思维方式。人尊重劳动、崇敬劳动而形成的对劳动的热爱,便成为敬业价值观的基本内容。只要存在劳动,就必然存在与其相适应的敬业价值观,有什么样的劳动,就有什么样的敬业价值观。

其次是诚实守信。所谓诚实守信就是不弄虚作假、不欺上瞒下,言行一致、表里如一,做老实人、说老实话、办老实事,遵守诺言、讲求信誉,注重信用,忠实地履行自己的职责。在日常生产和劳动中,诚实守信一般体现为不欺瞒顾客且相互信任,对同事信守约定且不相互欺瞒,对领导不阳奉阴违。诚实守信的核心是要做到遵守生产纪律和工厂纪律,诚实劳动。

再次是办事公道。所谓办事公道是指劳动者在办事情、处理问题是,能够站在相对公正的立场上,对当事双方按照同一个标准办事,做到公平合

---

① ② 《马克思恩格斯全集》(第20卷),人民出版社,1971年,第509页。

理、不偏不倚。在日常生产和劳动中,办事公道一般体现为各种行业和各种职业的劳动者在本职工作中,遵守工作中的行为准则,做到公平、公开、公正,不以私害公,不出卖原则。办事公道的核心是要做到实事求是、平等友爱、大公无私,尤其是企事业的管理者,政府的公务人员、党员干部,要坚持办事公道,坚持原则、实事求是,以国家和人民的利益为重。

作为一种职业道德的规范,热爱劳动、诚实守信和办事公道是人类共同的职业道德要求,它来源于人类社会共同的价值追求。但是作为一种职业道德的内容,热爱劳动、诚实守信和办事公道又具有一定的社会属性,它在不同的所有制下存在不同的内涵。在这个意义上,我们不能否认三者具有阶级属性。比如同样是英勇斗争,无产阶级的战士把勇敢视为比生命还要重要,表现出的英勇斗争更加伟大,因为"对不希望把自己当愚民看待的无产阶级说来,勇敢、自尊、自豪感和独立感比面包还要重要"①。在私有制社会,人们劳动只是出于谋生的考虑,热爱劳动和诚实守信是很难做到的②,而在公有制社会,热爱劳动和诚实守信是劳动群众真切的情感,正如恩格斯所说:"在偷盗动机已被消除的社会里,就是说在随着时间的推移顶多只有精神病患者才会偷盗的社会里,如果一个道德宣扬者想来庄严地宣布一条永恒真理:切勿偷盗,那他将会遭到什么样的嘲笑啊!"③这表明,我们既不能因强调阶级社会中职业道德的阶级性而否认那些起码的人类共同的职业道德规范;也不能因承认这些共同的职业道德规范而否定阶级社会中职业道德的阶级性。

从次是服务群众。服务群众是社会主义敬业价值观区别现代敬业价值

---

① 《马克思恩格斯全集》(第4卷),人民出版社,1958年,第218页。

② 关于这一点拉法格曾指出:在财产私有的情况下,一个人若想在工商业方面得到成功,他便应该假装仁义以取得公众的好评,但若他愿意营业繁盛,便不能把那些东西拿来见诸实行。

③ 《马克思恩格斯全集》(第3卷),人民出版社,1960年,第133页。

观、传统敬业价值观的本质内容,它表明了生产劳动服务的对象是广大群众,而非资本家。所谓服务群众是指心系群众、联系群众,把群众的利益放在首位,努力满足群众需要,为群众提供方便。在日常生产和劳动中,服务群众一般体现为热情周到,对服务对象和群众能够做到主动、热情、耐心、细致、周到、勤恳,想群众之所想,急群众之所急。服务群众的核心是为人民服务、互相帮助、团结友善、共同进步,它体现出社会主义的社会属性和道德要求,由于每个劳动者都是人民群众中的一员,因而服务群众的实质就是劳动群众的自我服务,把服务的权力归还给劳动群众,尽管个体劳动者的能力有大小、职位有高低,但都有为人民群众服务的共同义务和责任,通过服务群众全体劳动者之间能够相互服务,最终实现共同进步,谋求共同幸福。在资本主义社会,资本家和工厂主也曾提出过服务群众的生产和销售理念,并且把它作为现代敬业价值观的一项内容加以倡导,但它与经典产阶级敬业价值观所倡导的服务群众有本质上的不同。现代敬业价值观是建立在财产私有下的产物,它所倡导的服务群众具有个人主义性质,其出发点不是群众,归宿点也不是要与群众共同富裕、共谋幸福,而是为了在激烈的竞争中能够更好地生产和销售商品,以获取更多的剩余价值和商业利润①,其出发点和归宿是个人的富裕、个人的幸福。社会主义敬业价值观建立在公有制和共同富裕、共同进步、共谋幸福、相互帮助、团结友善的新型劳动关系基础之上,劳动者同时要承担职业权利和职业责任,既不会出现单纯享受职业权利而没有职业责任的现象,也不会出现单纯承担职业责任而没有职业权利的现象,每个劳动者既是服务对象,又是服务的主体,全体劳动者通过在相互服务中实现共同利益。由此可见,它体现了社会主义的社会属性,与资本主

---

① 英国学者彼得斯(Peters)和沃特曼(Waterman)在《致富秘诀——美国企业家成功经验》中揭露了美国企业家和高级管理者时常把顾客至上挂在口头,实则利益至上的现象。

义条件下的现代敬业价值观具有完全不同的内涵。

最后是奉献社会。奉献社会是一种崇高的精神境界和高尚道德品质，它是社会主义敬业价值观的重要内容，本质上属于共产主义职业道德的成分和因素。所谓奉献社会是指不期望有所回报和酬劳而甘愿为他人、为社会或者为真理、为正义而贡献出自己的一切。在日常生产和劳动中，奉献社会一般体现为全心全意为社会做贡献，为人民谋福祉，无私地把自己的一切都献给国家、人民和社会。奉献社会的核心是舍己奋斗、不怕牺牲、为社会服务、建设国家，它要求劳动者在自己的工作岗位上树立起奉献社会的职业理想和社会责任感，在生产和劳动过程中，以他人利益、社会利益为重，通过兢兢业业的工作，全身心的投入，充分发挥主动性、创造性，使自己所付出的劳动能够对国家、民族甚至全人类产生积极的意义，为社会的发展和进步做出自己的贡献。资本主义条件下的现代敬业价值观也有奉献社会的内容，但它是英雄主义的个人牺牲，其出发点往往是精神利己主义，效果也都是维护和提高个人利益。正如爱因斯坦所说："一个人对社会的价值首先取决于他的感情、思想和行动对增进人类利益有多大作用。"①资本主义条件下的奉献社会和不怕牺牲，终究受限于人类文明的程度，其思想和境界也要受到限制。作为社会主义敬业价值观的重要内容，奉献社会是个体劳动者将自我发展融入整个人类社会发展的无限视野之中，它要求每一个劳动者自觉服从集体的意志，将"个人梦"融入"国家梦"之中，将个人的理想上升为全体劳动者共同的理想，将个人的追求上升为全体劳动者共同的追求。可以说，奉献社会的出发点和效果不是个体劳动者的生存和发展，而是全体劳动者的幸福。从这个意义上看，它是一种"集体主义功利观"，既是集体生活的产物，同时又是生产"集体生活"的精神条件。树立大局观念，把个人的局部利

---

① 赵中立:《纪念爱因斯坦译文集》，上海科学技术出版社，1979 年，第 51 页。

益融入集体的整体利益之中,倡导自我牺牲、无私奉献、艰苦奋斗、积极进取等精神观念,就自然成为劳动者的道德信念和道德行为。

综上所述,伴随着工人运动和无产阶级革命的胜利,广大劳动群众继承了一切劳动人民、革命阶级的优良职业道德传统,形成了大公无私、英勇斗争、团结互助、不怕牺牲、公正和诚实等高尚道德品质。并且在社会主义建设时期,进一步发展为以热爱劳动、诚实守信、办事公道、服务群众、奉献社会为主要内容的社会主义敬业价值观。这种具有共产主义精神和性质的敬业价值观成为引导社会主义社会各行各业和各种企业风气的重要力量,并在调整劳动者之间关系方面发挥了重要作用。

第三节　社会主义敬业价值观的本质和中国特色

任何类型的社会都存在一种与它经济基础相适应的思维化、体系化的观念形态。人们总是"按照自己的物质生产的发展建立相应的社会关系,正是这些人又按照自己的社会关系创造了相应的原理、观念和范畴"①。因此在以生产资料公有制为基础的社会主义社会下,必然存在社会主义性质的敬业价值观,即社会主义敬业价值观。社会主义是社会主义敬业价值观产生的先决条件和基本前提,规定着社会主义敬业价值观的本质和特征。

---

① 《马克思恩格斯全集》(第4卷),人民出版社,1958年,第144页。

一、社会主义敬业价值观的本质

随着我国经济社会的发展,如何进一步解放生产力、驱动经济社会发展成为亟待解决的重大课题。必须看到,任何创新都离不开劳动者的创新意识,国家的创新驱动也离不开每个劳动者的创新活动。而劳动者的创新意识和创新活动归根结底必然根植于他们的敬业价值观。不错,一般的敬业价值观总是与勤勉、实干、忠诚、坚守密切相关,但敬业价值观还应有着更加深刻的内涵。以创新为本质的社会主义敬业价值观,存在长期被忽视的情况。能否正确认识社会主义敬业价值观的内部规定与时代内涵,不仅关乎全体劳动者思想和行为的正确导向,更关乎国家和民族的根本利益。其理论和现实意义都十分重大。

以创新的尺度看待劳动,不仅是人类认识发展的必然结果,还是人类历史发展的必然结果。劳动者的自我完善、社会的进步发展,必须依靠科学之真、道德之善、审美之美。以创新为本质的社会主义敬业价值观,既是科学之真、道德之善、审美之美的题中之意,又是统筹三者的内在依据:

第一,科学之真在于创新。人的劳动过程,既是创造科学、发明真理的过程,同时也是忠实科学的过程。人类历史上的任何一项科学成果都是(求实)创新的产物。这是因为,科学作为人们揭示客观对象本质和规律的活动,是同人们的创造性劳动相统一的。一方面,人的创造性劳动使人在改造对象的实践过程中,深化了对对象的认识,既发现了关于对象的新的认知,又革新了关于对象的错误认知。另一方面,任何一项科学成果的出现,无不是人们提升能动性、创造性的结果,因为"在科学上没有平坦的大道,只有不畏劳苦沿着陡峭山路攀登的人,才有希望达到光辉的顶点"①。通过人的创造性劳动,人们发现、发明或革新了科学真理,使思维同存在统一起来。创造不仅使科学真理从无到有,还使科学真理从旧到新。正是人的这种创造才使科学真理不断的自我革命、自我革新、自我创新。从更深的层次来看,人的创造性劳动过程,既是忠实科学本身的过程,也是忠实科学精神的过程,即是二者相统一的过程。因为只有尊重客观规律的同时解放思想、实事求是,人的创造性思维和创造性劳动才能得到实现。人类的科学发展史充分表明,任何一项科学成就都是以尊重事实、尊重规律为前提的,都是科学家解放思想、实事求是的结果。创新是科学的本质,科学是创新的保障。可见,科学之真在于创新,以创新为本质的社会主义敬业价值观是科学之真的题中之意。

第二,道德之善在于创新。道德之善是指,在人与人、人与自我的关系中,能够表现出来的有益于自我或他人幸福的观念和行为。道德之善的问题,根本上是人价值实现的方式问题。人的价值的实现只能通过创新劳动。人的劳动的过程,既是人寻求价值的过程,同时也是人追求自我实现的过程。人的价值就在于创新,创新的程度决定了人价值的高度,创新与人的自我实现是同一的:一方面,创新的成果不仅能够富裕人们的物质生活、提高人们的生活水平,创新的成果还能使劳动同享受达到统一,因为"在合理的制度下,当每个人都能根据自己的兴趣工作的时候,劳动就能恢复它的本来面目,成为一种享受"②;另一方面,创新的成果丰富了人们的精神世界,它满足了人对自由性和超越性的精神需要,人们能从创新的过程和结果中获得更高层次的满足感和幸福感。可见,只有创新才能使人确证自身的力量和价值,促进人的自我实现。人的价值在于创新,因而道德之善就在于创新。

---

① 《马克思恩格斯全集》(第23卷),人民出版社,1972年,第26页。
② 《马克思恩格斯全集》(第1卷),人民出版社,1956年,第578页。

以创新为本质的社会主义敬业价值观是劳动者谋求自身解放和全面发展的精神条件,道德之善的题中之意。

第三,审美之美在于创新。人的第一需要是对生存的需要,但人还有更高层次的需要,即对美的需要。人需求美、追求美,是实现自由而全面发展的内在要求;人创造美则是实现人自由而全面发展的充分条件。创新性劳动是人创造美的唯一途径。因为人的劳动过程,既是遵守美的规律的过程,同时也是创造美的过程。"动物只是按照它所属的那个种的尺度和需要来建造,而人却懂得按照任何一个种的尺度来进行生产,并且懂得怎样处处都把内在的尺度运用到对象上去;因此,人也按照美的规律来建造。"[1]遵守美的规律才能创造美,因为"审美带有令人解放的性质"[2],它使人能够充分体验到劳动美、生活美,并使劳动中蕴含的创造力、创新力得到极大的激发。这种创造力、创新力是产生美的最终力量。创造美的秘诀就在人的创新性劳动之中,审美之美是人创新性劳动的结果。以创新为本质的社会主义敬业价值观,是劳动者追求美、实现美的精神力量,它保障了劳动者能够通过劳动实现自由而全面发展的可能。可见,以创新为本质的社会主义敬业价值观,是审美之美的题中之意。

综上所述,以创新为本质的社会主义敬业价值观,才是这个时代的真正所需:只有创新,才能实现劳动者的科学之真;只有创新,才是能实现劳动者的道德之善;只有创新,才能实现劳动者的审美之美。

实现民族复兴必须依赖每个劳动者的参与,也需要社会良好风气的促进,更需要国家综合国力的提高。以创新为本质的社会主义敬业价值观,是实现个人理想、社会愿望、国家利益的精神基础。

第一,从个人层面来看,创新是个人生存与发展的根本出路。劳动者对

---

[1]　《马克思恩格斯全集》(第42卷),人民出版社,1979年,第97页。

[2]　[德]黑格尔:《美学》(第1卷),商务印书馆,1979年,第147页。

待劳动的态度和思维,决定了他的前途和命运。劳动创造了财富,劳动是个人财富的源泉:一方面,劳动是劳动者的物质财富的源泉,关系到他自己的生存状况。另一方面,劳动是劳动者的精神财富的源泉,关系到他自己的精神面貌。对劳动者个人来说,有什么样的劳动,便会有什么样的前途和命运。劳动者对待劳动的立场、态度、思维决定了个人的成就、个人的理想、个人的幸福。在现实生活中,教育的现代化促进了知识的专业化及教育的大众化。教育,尤其是职业教育和高等教育的广泛普及,为社会提供了千千万万的专业人才。大批专业人才的涌现既推动了社会—经济的发展,同时也加剧了专业人才之间的竞争。任何一个劳动者在这种竞争中,都必须考虑个人的生存与发展问题。解决个人的生存和发展问题,首要的就是解决对待劳动的态度和思维的问题。只有以创新的尺度看待劳动,达到劳动自觉性,才能从根本上提升个人的核心竞争力。此外,科学技术的迅速普及和广泛应用,使智能化、网络化、自动化、无人化等技术在各行各业"大显身手"。"自动"替代"劳动","智能"替代"技能","无人"淘汰"真人",成为某些行业的发展趋势。过去一些对创新要求不高的,或只需劳动者,"按部就班""兢兢业业""本本分分"的岗位逐渐被时代无情的淘汰。这种倒逼机制促使每个劳动者都必须重新思考劳动的意义和作用:必须以创新的尺度对待劳动,将创新视为劳动的本质和生命线。因此形成以创新为本质的敬业价值观,才是劳动者生存与发展的根本出路。

第二,从社会层面来看,创新是改善社会风气的精神引擎。改革开放以来的企业和行业发展史表明:"模仿"和"跟风"的经营和发展模式,对企业快速成长、行业加快成熟起到一定作用。在企业的成长初期,通过模仿的经营模式,能够有效降低企业的成长成本,实现企业的快速成长。同理,在行业发展的初期,通过"跟风"的发展方式,可以加快行业的成熟。但是,"模仿""跟风"毕竟是一种创新力弱的病态的发展方式。对社会而言,"模仿""跟风"的思维定式和不良风气,将造成社会的畸形发展,企业和行业的同质化恶性竞争。"观念改变着世界。新观念的力量是变革我们生活和思维方式的引擎。"①让创新成为社会风尚,从观念上彻底转变"模仿""跟风"的不良风气,符合当前社会发展的根本利益,也是当前社会发展的必然要求。唯有将创新的观念渗透到社会运行的各个部门,以及组成社会的各个行业,才有可能变革社会的思维方式,让创新蔚然成风。新的观念的渗透,必须依赖于社会每个成员的参与。只有树立以创新为本质的社会主义敬业价值观,才能够促使社会每个成员从自己做起、从当下做起,把创新变为每个成员的思想和行动的基本遵循,成为身体力行的实际行动,创新的风气才能得到大力推广,创新才能真正成为社会的风尚。可见,形成以创新为本质的社会主义敬业价值观,是实现"创新蔚然成风"、转变社会思维定式的精神引擎。

第三,从国家层面看,创新是提高国家发展质量和发展效益的精神基点。以创新的尺度对待一切工作,是我国现代化发展的内在需要:它贯穿在我国经济建设、政治建设、文化建设、社会建设、生态建设的各个方面,是提高国家发展质量和发展效益的精神基点。我国的经济社会发展经历了此前的物质匮乏时代,走向了物质丰富时代。这无疑是"中国速度"的功劳,但这种速度也带来了前所未有的巨大代价:产品的低劣、资源的浪费、环境和生态的破坏、生产方式的粗放等。"中国速度"的背后隐藏的是发展质量和发展效益的问题,反映到精神层面,即是对待劳动的态度和思维普遍存在的问题。对此,党的十八届五中全会强调,"必须把创新摆在国家发展全局的核心位置","深入实施创新驱动发展战略","发挥科技创新在全面创新中的引领作用"。创新已经成为驱动经济和社会发展,提高发展质量和发展效益的核心力量。但必须看到,任何创新都离不开劳动者的创新意识,国家的创新

---

① Richard Stengel, "The Power of Ideas", *Time*, Vol. 171, No. 12, 2008:6.

驱动也离不开每个劳动者的创新活动。科技创新、创新驱动都依赖于创新的劳动,都发端于、根植于以创新为本质的敬业价值观。只有充分重视并树立以创新为本质的敬业价值观,使创新成为全体劳动者一切工作的出发点、落脚点,才能真正推动理论创新、制度创新、科技创新、文化创新等各方面的创新。可见,以创新为本质的社会主义敬业价值观,是孕育创新、支撑创新、推动创新的重要价值观念,是科技创新、创新驱动的价值支撑和内生推力。因此,形成以创新为本质的社会主义敬业价值观,是提高国家的发展质量和发展效益的精神基点,是我们文化的觉醒、社会的进步。

综上所述,以创新为本质的社会主义敬业价值观,才是这个时代的真正所需:只有创新,才是个人生存和发展的根本出路;只有创新,才是改善社会风气的思维引擎;只有创新,才是提高国家发展质量和发展效益的精神基点。

社会主义敬业价值观是人对创造性劳动的尊重和崇敬,其本质是创新。解放生产力,发展生产力是社会主义的本质要求和内在属性。创新以促进生产力发展是历史前进的普遍规律,而以创造性劳动推动创新则是社会发展的绝对定律。在最普遍的意义上,解放生产力、发展生产力必须依靠劳动者的创造力、创新力。以创新为本质的社会主义敬业价值观,既体现了社会主义的内在属性,又满足了社会主义的本质要求:一方面,劳动者对待劳动的普遍观念,"是从人们对待满足他们需要的外界物的关系中产生的"[1],劳动者应以什么立场、什么态度、什么方式对待自己的劳动,以及劳动的性质、内容、面貌、方向等都是从社会主义解放生产力、发展生产力的本质要求中产生的。另一方面,"社会本质不是一种同单个人相对立的抽象的一般的力量,而是每一个单个人的本质,是他自己的活动,他自己的生活,他自己的享

---

① 《马克思恩格斯全集》(第19卷),人民出版社,1963年,第406页。

受,他自己的财富"①,社会主义敬业价值观正是社会主义的内在属性在全体劳动者身上的体现。可见,以创新为本质的社会主义敬业价值观,反映了社会主义社会对创造性劳动的尊重和崇敬,是社会主义全体劳动者共同的"活动""生活"和"财富"。

二、社会主义敬业价值观的作用

以创新为本质的社会主义敬业价值观,是劳动者创造力、创新力的精神源泉,并以理论化和思维化解决了劳动者同劳动对象的深层次矛盾。劳动者的创造力和创新力的问题本质上是属于人的主体性和能动性的问题。所谓人的主体性和能动性问题,是强调在人对客体的关系中能否实现自身的地位、能力、作用和价值。作为一种价值判断和认知观念,社会主义敬业价值观从劳动者的主体性和能动性出发,正确地把握了劳动者同劳动对象的关系,以理论化、思维化的方式规范了劳动者的意识观念,指导了劳动者的行为方式。如此一来,以创新为本质的社会主义敬业价值观,不仅从思维的方面,而且从对象世界中解决了劳动者同劳动对象之间的矛盾,从而确证了劳动者自身的价值和意义。具体来说:

第一,社会主义敬业价值观激发了劳动者的主体意识,澄明了劳动者对物的崇高地位。人是万物的尺度。在人同万物的关系中,人是作为万物的尺度而存在的,即人是作为主体而存在的。人的这种主体性表明,人对物具有毫无争议的崇高性地位:人同物的关系是创造与被创造、改造与被改造、生产与被生产的关系。因此人应当在自己的劳动过程中实现对物的超越和批判,并澄明自身的崇高性。作为人类劳动史上最能澄明劳动者崇高地位

---

① 《马克思恩格斯全集》(第42卷),人民出版社,1979年,第24页。

的观念和范畴,社会主义敬业价值观以创新为本质,极大地激发劳动者的批判精神、超越意识和创新意志,提升了劳动者的创造力、创新力,实现了劳动者对物的崇高地位。

第二,社会主义敬业价值观强化了劳动者的能动性,证明了劳动者的创新潜能和创新作用。人本质上是实践的。人的这种实践本质决定了人不是被动的接受他的对象,而是积极的、能动的选择并生产他的对象。而"这种生产是人的能动的类生活。通过这种生产,自然界才表现为他的作品和他的现实"①。人作为实践主体所具有的能动性,是生产表现他自身作品的先决条件。但是应看到,人并不是一开始就完成了自己的本质。人应当在自己的实践活动中,实现自己的能动性,证明自己的创新潜能和创新作用。人的能动性是需要科学的敬业价值观强化的。以创新为本质的社会主义敬业价值观,强化了劳动者对待劳动的创新立场、创新态度、创新思维,促进了劳动者能动性的实现,它使劳动者"不仅像在意识中那样理智地复现自己,而且能动地、现实地复现自己,从而在他所创造的世界中直观自身"②。可见,只有以创新为本质的社会主义敬业价值观,才能够科学地强化劳动者的能动性,证明劳动者的创新潜能和创新作用。

第三,社会主义敬业价值观提供了衡量劳动的标尺,规定了劳动的内容和劳动的性质,从而确证了劳动者自身的价值。人一刻也不能停下对价值的追寻。在现实生活中,人是通过自己的对象化的劳动确证自己的价值和存在的。或者说,只有通过对对象世界的改造,人才能确证自己的价值和存在。但是人对对象的改造并不是主观任意的,必须充分发挥劳动的创造力、创新力。劳动的创造力、创新力保障了劳动者能够在自己的创造物上,追寻到自己的本质力量和根本价值。因此富有创造力、创造性的劳动,使人得到

---

①② 《马克思恩格斯全集》(第42卷),人民出版社,1979年,第97页。

满足和享受;缺乏创造力、创造性的劳动,使人感到空虚和迷茫。以创新为本质的社会主义敬业价值观,为全体劳动者提供了衡量劳动的判断标尺,使创新成为每一位个体劳动者的价值判断和认知观念。这种结果必然促使劳动者形成创新自觉,即自觉规定自己的劳动内容和劳动性质。保障了劳动者的创造性劳动,确证了劳动者自身的价值。

综上所述,以创新为本质的社会主义敬业价值观,才是这个时代的真正所需:只有创新,才能澄明了劳动者对物的崇高地位;只有创新,才能证明了劳动者的创新潜能和创新作用;只有创新,才能确证了劳动者的自身价值。

三、社会主义敬业价值观的特征

社会主义敬业价值观的集体主义特征。社会主义敬业价值观是对社会主义的生产关系、经济基础和社会生活的反映。"发展着自己的物质生产和物质交往的人们,在改变自己的这个现实的同时也改变着自己的思维和思维的产物。不是意识决定生活,而是生活决定意识。"①社会主义的国家性质、社会关系和全体劳动者的利益,决定了社会主义敬业价值观必然以集体主义为根本特征。社会主义敬业价值观的集体主义特征,具体表现在以下三个方面:

第一,社会主义敬业价值观表达了全体劳动者的劳动自觉性。一般敬业价值观是依赖于个人的经验,是个体劳动活动的结果。它从个人的经验出发,以满足个人利益为根本标尺,形成了规范单个劳动者思想和行为的价值认知。一般敬业价值观蕴含着对待劳动的工具性态度。它无法使劳动者达到劳动的自觉性,也就无法从劳动中获得自身价值的确证。一方面,一般

---

① 《马克思恩格斯全集》(第 3 卷),人民出版社,1960 年,第 30 页。

敬业价值观使劳动者仅仅把劳动看作是一种谋生的手段,很难摆脱个人主义的狭隘范围,具有一定的盲目性,因而它必然导致单个劳动者陷入空虚和迷茫。另一方面,一般敬业价值观带有强烈的功利性,它使单个劳动者看不到同其他劳动者之间的内在关联,割裂了劳动的社会性、历史性,抑制了劳动的创造力、创新力。作为全体劳动者的共同活动,社会主义敬业价值观超越了一般敬业价值观的盲目性、功利性的局限,表达了全体劳动者的劳动自觉性。所谓劳动的自觉性,是指劳动者能够掌握时代发展趋势和时代精神,清晰地认识自己劳动的目的和意义,并做出符合社会效益和时代精神的行为。社会主义敬业价值观形成于全体劳动者的共同经验。它以全体劳动者的共同利益为标尺,超越了一般敬业价值观的个人主义狭隘局限,使劳动者对劳动有一种使命感,把劳动的工具价值同劳动的内在价值分离开来,并自觉地规范自己的思想和行为,实现了劳动的自觉性。社会主义敬业价值观的这种特征,真正使劳动同享受获得更高层次的统一,确证了劳动者的价值和意义。可见,社会主义敬业价值观的集体主义特征,将个人的行动上升为全体的行动,表达了全体劳动者的劳动自觉性。

第二,社会主义敬业价值观表达了全体劳动者的共同追求。一般敬业价值观具有个人主义的局限,是个体生活的结果。它使劳动者只看到个体劳动的效用,因而只注重个体功能、个体价值和个体实现。一般敬业价值观使劳动者将社会发展和历史前进简单理解为,所有单个劳动者劳动的机械叠加。它无法指导劳动者调和个人利益与集体利益的深层矛盾,也就无法实现个人理想与集体理想的统一。因此,一般敬业价值观归根到底表达的是个人追求,劳动者的劳动不能获得社会的广泛认可。作为全体劳动者的共同生活,社会主义敬业价值观超越了个人主义的狭隘局限,表达了全体劳动者的共同追求。在社会主义条件下,全体劳动者的根本利益是一致的,单个劳动者同他人存在内部关联,"在我个人的生命表现中,我直接创造了你的生命表现,因而在我个人的活动中,我直接证实和实现了我的真正的本质,即我的人的本质,我的社会的本质"①。劳动者不仅生产了他自己的本质,同时还生产了他人的本质;劳动者的劳动不仅表现为个人的追求,同时还表现为他人的追求。个人、集体和国家利益得到了真正的统一。反映在劳动者对待劳动的观念上,便是劳动者注重个体功能、个体价值和个体追求的同时,却表达着全体功能、全体价值和全体追求。劳动者的劳动将获得社会的广泛认可。

此外,一般敬业价值观是个人主义的、功利主义的,是生产"个人生活"的精神条件:它只能立足个人视野而非社会视野,将劳动视为谋取个人财富回报的工具,使劳动者受到劳动成本和劳动收益的外部影响,很难处理好劳动同劳动对象的关系。倡导个人至上、利益至上、投机取巧等精神观念,是一般敬业价值观的内容。与一般敬业价值观不同,社会主义敬业价值观形成于全体劳动者的共同经验,必然要体现全体劳动者的共同追求,社会主义敬业价值观是一种"集体主义功利观",是生产"集体生活"的精神条件:它要求每一个劳动者自觉服从集体的意志,将"个人梦"融入"国家梦"之中,将个人的理想上升为全体劳动者共同的理想。树立大局观念,把个人的局部利益融入集体的整体利益之中,倡导自我牺牲、无私奉献、艰苦奋斗、积极进取等精神观念,就自然成为社会主义敬业价值观的一般内容。可见,社会主义敬业价值观的集体主义特征,将个人的追求上升为全体劳动者共同的追求,表达了全体劳动者的共同追求。

第三,社会主义敬业价值观表达了全体劳动者对劳动的普遍认知。一般敬业价值观来源于个人经验,其内容、形式存在一定的主观随意性,它反映的只能是个人的价值认知和价值判断。因此,一般敬业价值观不具有客

---

① 《马克思恩格斯全集》(第 42 卷),人民出版社,1979 年,第 37 页。

观性、普遍性,它只是劳动者个人的财富,维护的也是个人的利益,不能为他人所用。社会主义敬业价值观超越了一般敬业价值观的局限。作为全体劳动者的共同财富,社会主义敬业价值观必定是为全体劳动者所有、为全体劳动者服务的理性观念。它普遍地表达了全体劳动者对劳动的价值判断和科学认知。社会主义敬业价值观的本质和内容,不是某一个劳动者的主观随意。相反,它的内部规定是全体劳动者实践的结果,体现了全体劳动者对劳动的正确认知。因为"人类社会发展的历史表明,对一个民族、一个国家来说,最持久、最深层的力量是全社会共同认可的核心价值观。核心价值观,承载着一个民族、一个国家的精神追求,体现着一个社会评判是非曲直的价值标准"①。因此社会主义敬业价值观就具有了客观性、科学性。它不仅反映了社会存在,还反映了时代精神。一方面,社会主义敬业价值观表达了全体劳动者的劳动自觉性,没有全体劳动者对劳动的科学认知,就没有这种自觉性。另一方面,社会主义敬业价值观表达了全体劳动者的共同追求,没有全体劳动者对劳动的价值判断,就没有这种共同追求。可见,全体劳动者对劳动的普遍认知,既构成了劳动的科学基础,保障了劳动者劳动的科学性。同时也给劳动指明了正确的方向,维护了劳动者的根本利益。社会主义敬业价值观实现了个体价值认同和集体价值认同的历史的、科学的统一。因此,社会主义敬业价值观的集体主义特征,将个人的价值判断上升为全体劳动者共同的价值判断,维护了全体劳动者的根本利益。

综上所述,以创新为本质的社会主义敬业价值观,才是这个时代的真正所需:只有创新,才是全体劳动者自觉性的旨归;只有创新,才是全体劳动者的共同追求;只有创新,才是全体劳动者的普遍认同。

---

① 《习近平谈治国理政》,外文出版社,2014 年,第 171 页。

第四节　社会主义敬业价值观涵养的目标要求

　　敬业价值观作为一种价值范畴和伦理道德范畴,既与职业理想和职业情感紧密相关,又与职业责任和职业操守有关。而良好的职业技能又是从业者对集体、对社会应尽的职业道德义务。因此树立职业理想培育职业情感,强化职业责任遵守职业操守,锻炼职业技能提升职业绩效,就构成了新时代社会主义敬业价值观涵养的目标要求。

一、树立职业理想培育职业情感

　　理想是人们依据社会实践的具体情况,在改造客观世界和改造主观世界的实践活动中,对未来美好事物的憧憬和追求。职业理想作为理想的一种,是人们对未来美好职业图景的构想和追求,是人生理想的重要组成部分。职业理想是有别于职业幻想的,它既不是违背客观规律不切实际的荒谬希望,也不是人们心血来潮的产物,职业理想源于现实,但又超越现实。树立并实现职业理想对我们有重大意义:一方面,职业是人们赖以生存的条件,职业活动是实现个人理想的物质基础。另一方面,实现职业理想是体现个人价值的重要途径,个人价值只有在职业活动和改造世界的活动中才能充分的体现。树立职业理想,培养职业情感是构成敬业价值观第一个重要的环节,也是新时代的需要。

职业理想作为一种可能实现的奋斗目标,是人们实现职业图景和构想的精神支柱。有了这样的精神支柱,即使在职业活动中遇到困难和阻力,也不会打退堂鼓,丧失斗志。职业理想一旦树立,我们便会积极准备,毫不动摇的为这个目标努力奋斗。因此职业理想的树立,职业情感的培养,从这个角度说就是为自己建立一个精神支柱,找到一个职业发展的航标。树立正确的职业理想,能有效地培养人们对职业的情感和认知,进而能够推进职业生涯的发展。反之,则会极大地破坏人们对职业的良好印象,阻碍职业生涯的发展。

首先,职业理想的树立与自身的专业技能、知识背景有关。因为"职业是一个表示有连续性的具体名词,它既包括专业性的和事务性的职业,也包括任何一种艺术能力、特殊的科学能力以及有效的公民品德的发展,更不必说机械劳动或从事有收益的工作了"[①]。空间物理学家想要解决的是找到一个适合人类居住的完美星球,生物学家想要解决的是治愈艾滋病的有效药品,经济学家想要解决的是找到一个帕累托最优的社会模型。不同的专业技能、知识背景导致职业性质的不同,进而影响职业理想的树立。因此我们在树立职业理想时,不能不考虑这些决定性的因素,选择适合自己的职业理想。

其次,职业理想的树立与个人的综合素质、知识水平有关。"一个人要能完全胜任工作并充分享受工作的快乐,就应该懂得工作社会学的、历史学的、文学的基础艺术的各个方面。"[②]可见,个人的综合素质、知识水平与职业

---

① [美]约翰·杜威:《民主主义与教育》,王承绪译,人民教育出版社,2001年,第326页。

② [美]约翰·S.布鲁贝克:《高等教育哲学》,王承绪等译,浙江教育出版社,2002年,第94页。

活动有着密切的关联。一方面,整个职业生涯毕竟不能在加班中度过,不能完成的业绩和没有希望的晋升对个人来说无疑是痛苦的。另一方面,理想都是甜美的,职业情感的培养一定是建立在"充分享受工作快乐"的基础之上的,很难想象一个从工作里得不到任何快乐和成就感的人,会对这份工作产生情感。显然提高社会学、历史学、文学等方面的修养,会对职业活动有一定的帮助。个人综合素质越高,知识水平越高,职业认知度就越高,职业情感才会越来越浓厚。因此,职业理想的高低与个人的综合素质、知识水平呈正相关关系。

最后,职业理想的树立还与社会理想有关。职业理想和社会理想总是密切相关的,职业理想总是受到社会理想的影响。职业理想是在社会理想的指导下,对社会理想的落实和具体化,任何离开社会理想去谈职业理想都是片面的。一方面,职业理想受社会生产力发展水平的制约,是人类社会实践的产物,它会随着时代和实践的发展而发展,表现为向着更高、更美好的境界不断升华。另一方面,社会实践总是具体的、历史的,每一时代的人们只能达到一定的实践水平,无法超前,因而每一代人的职业理想必然受到当时社会历史条件的制约,总是会打上相应时代的烙印。因此,职业理想的树立必须符合社会理想而存在,背离社会理想的职业理想必定会遭到否定和失败。

敬业价值观实际上是个人对职业的认知、情感、意志、理想和习惯等诸要素,从无到有、从低到高的运动发展的结果。敬业价值观作为一种价值取向,与职业理想和职业情感紧密相关。职业理想、职业情感与敬业价值观三者是相互促进,统一发展的关系:确立了职业理想,增进了职业情感,便有了事业发展的精神动力,极大地促进了人们爱岗敬业、乐于从业的职业精神。敬业价值观一旦产生,它将反过来增进职业选择的自豪感和光荣感,进一步培养了职业情感,坚定了职业理想。

二、强化职业责任遵守职业操守

职业责任是指职业团体或从业者被赋予的职权、职责及对社会和他人所必须承担的责任和义务。在社会生活及任何一种职业活动中，无论是谁，都必然与他人、与社会发生并保持着各种各样的社会联系。"人的本质并不是单个人所固有的抽象物。在其现实性上，它是一切社会关系的总和。"①这些"社会关系"便形成了种种特定的关系，而这种特定的关系便产生了诸多的义务，其中凡是与自己本职工作相关的义务就叫作职业责任。为保持并发展已经形成或将要建立的一系列联系、关系，就必须自觉地担负起对社会、对他人负有的使命、责任和义务。强烈的职业责任意识是一切职业活动的基础，它要求从业者把所从事的工作看作是出于职业理想的要求，并能积极承担相应的后果。职业责任反映了一种职业的基本要求，即决定从业者应该做什么，并要求从业者承担起因工作造成的不良后果。职业责任有两个方面的含义：一方面，职业责任意味着从业者对职业所应尽的义务和责任，律师必须维护当事人的利益，医生得想尽办法治病救人，教师要教书育人，警察理所应当要维护治安保一方平安。另一方面，职业责任也意味着从业者对职业所应持有的操守和道德底线，法官不能贪赃枉法有失公允，药剂师不能贪图私利兜售假药，商人不能谋求暴利购进有毒原料。如果从业者不能遵守职业的操守，长此以往会让自己受害，让企业损失，让社会陷入混乱，因此强化职业责任，遵守职业操守是时代的要求。职业责任是构成敬业价值观的第二个重要的环节。

职业责任与职业理想一样，"不是从天上掉下来的，也不是出自善良的愿望"②，而是在职业活动的生产实践中形成的。在生产实践的活动中"生产

---

① 《马克思恩格斯全集》（第46卷），人民出版社，1979年，第220页。

② 《列宁选集》（第四卷），人民出版社，2004年，第38页。

者也改变着,炼出新的品质,通过生产而发展和改造着自身,造成新的力量和新的观念,造成新的交往方式,新的需要和新的语言"①。这表明,从业者从事的职业活动,一方面是为了改造客观世界,为企业和社会服务,制造产品并满足社会的需求。另一方面则在改造客观世界的同时也改造主观世界,发展出"新的品质"。在这些新的品质中,能否认真履行职业责任便是一个十分重要的品质。从业者承担起职业责任,就必须做到对自己负责、对企业负责、对社会负责,这三点要求。如果每一个从业者都能尽心尽力做好本职工作,对自己负责、对企业和社会负责,那么整个社会的物质文明和精神文明便会突飞猛进、日新月异。

第一,对自己负责。对自己负责是从业者承担职业责任的最低要求。从业者个人与所从事的职业是相互作用的利害关系:职业生涯的兴衰决定个人生活质量的高低,要想对自己负责,提高自己的生活品质就必然要提高工作质量,保持职业基本的道德要求和职业操守。法官一旦贪赃枉法便会面临牢狱之灾,所以法官必须遵纪守法,医生一旦见死不救就会面临失业下岗,商人一旦缺乏诚信失便会面临倒闭破产。

第二,对集体负责。对集体负责是从业者承担职业责任的一般要求。兴趣是最好的老师,从业者只有对自己从事的事业产生浓厚的兴趣,才能以敬业的精神对待工作,产生高度的责任感,从而实现对集体负责。对企业负责不仅要求从业者把自己利益和集体紧紧地绑定在一起,做到一荣俱荣、一损俱损,而且还要求从业者具有团队精神和集体意识,对集体负责实际上就是对他人负责。

第三,对社会负责。对企业负责是从业者承担职业责任的最高要求。在社会化大生产的背景下,任何一种职业都是社会分工的一个环节,都承担

① 《马克思恩格斯全集》(第46卷),人民出版社,1979年,第494页。

着一定的社会责任。社会化大生产正是通过行业分工的形式来满足社会需求的。因此每个从业者都必须充当一定的社会角色,承担一定的社会任务,为社会做出相应的贡献。农民为社会提供生存所需的基本食物,火电工人为社会提供所需的电力资源,建筑工人为社会提供家庭用的住房和生产用的厂房,交通警察保障基本的交通秩序。对社会负责要求从业人员必须深刻地意识到自己所从事的职业与社会之间的关系,进而主动承担起对社会的责任。炼油工人不能生产"地沟油",建筑工人不能偷工减料造"问题大桥",纺织工不能织"有毒衣料"。

三、锻炼职业技能提升职业绩效

职业技能是指在职业环境中合理、有效地运用专业知识、职业价值观、道德与态度的各种能力,包括智力技能、技术和功能技能、个人技能、人际和沟通技能、组织和企业管理技能等。职业技能是从业的基本功,是敬业价值观的核心内容,也是经济社会发展的时代要求。从业者的职业技能越强,在职业活动中发挥的作用就越显著,就越能提高职业绩效,进而获得职业成功。在当代社会,社会主义市场经济给人们带来了竞争和压力,竞争的原则是市场经济的基本法则之一,无论是在经济领域还是生产领域,哪怕在劳动力市场领域也完全适用。在知识型社会里,竞争意味着企业对劳动者的要求更高,更高的学习经历、更高的专业技术能力、一专多能型人才的从业者会受到企业和社会的青睐。而学习经历浅薄,专业技能较低的劳动者将会面临着淘汰和失败。因此锻炼职业技能,不仅是从业者个人发展的需要,企业提高效益的需要,更是当今时代的要求。

良好的职业技能是从业者对集体、对社会应尽的职业道德义务。只有具备更高的专业技能知识,才能更好地完成职业任务,更好地承担职业责任。一个不懂法律知识的律师是无法为他的当事人打赢官司的,一个没有科学知识储备的研究者是无法搞出发明创造的,一个不懂物理学的建筑师是无法设计好摩天大楼的。缺乏必要的职业技能不仅不能给自己和集体带来荣誉,而且还会给集体和社会造成损失。正是在这个意义上,只有锻炼职业技能才能更好地承担职业责任,职业技能便有了道德意义,职业技能的欠缺就是职业道德的缺失。因此,每个从业者都必须努力掌握职业技能,刻苦训练,以提高相应的职业绩效。

第五节　社会主义敬业价值观涵养的层次阶段

以创新为本质的社会主义敬业价值观,是有层次性和阶段性的,其认识和养成绝非一日之功。只有厘清社会主义敬业价值观的内部层次和外化表现,坚持由低到高、由易到难的认识和培养次序,才能形成自觉奉行的信念理念和日常行为的准则,最终实现社会主义敬业价值观的养成。

一、社会主义敬业价值观的三种层次

社会主义敬业价值观是有层次的。所谓有层次,是指在社会主义敬业价值观的系统内部,能够影响其功能发挥的等级次序、结构布局、逻辑层次。社会主义敬业价值观的层次性,关系到人们对它的认知和觉悟:它的层次越高,就越能够达到劳动自觉性,就越能够以创新的尺度对待劳动。社会主义敬业价值观的每个层次都不同程度孕育有创新因素,创新因素起着连接各个层次的作用。社会主义敬业价值观的层次不能人为的跳跃,必须遵循认识的规律:

第一,实干意识是社会主义敬业价值观的最低层次。实干意识是一种弱创新意识,它虽然孕育有创新因素,但不能直接使劳动者达到劳动自觉性。劳动者要在自己的创造物中澄明对物的崇高地位,就必须依靠作为内部条件的劳动自觉性,及作为外部条件的劳动资料和偶然机遇。由于实干意识不必然催生劳动的自觉性,因而劳动者将更多地依赖于外部条件,甚至是以外部条件为转移的。这表明,在社会主义敬业价值观的最低层次中,劳动的自觉性要受到外部条件的限制。如果劳动者将偶然的成功断然地归功于外部条件,而看不到是实干意识的结果,那么劳动者将得不到社会主义敬业价值观的前途和意义。长此以往,劳动者的实干意识将被腐蚀和败坏:劳动者会片面地认为实干意识是无意义的、抽象的,并转而追求外部条件而不是磨砺意志、锻炼品格。实干意识被腐蚀的结果是,"实干"随时可能转变为"盲干",社会主义敬业价值观可能下降到一般敬业价值观。作为社会主义敬业价值观的最低层次,实干意识蕴含着对劳动者的考验。只有劳动者发挥主体性、能动性,并持之以恒的克服外部条件的限制,才能使自己的精神得到锻炼并通过实干意识的考验,为升华社会主义敬业价值观创造可能。一旦劳动者认识到困惑和矛盾,就迫使他们做出选择:要么只停留在"实干"上,"实干"随时可能变成"盲干";要么就将"实干"持续下去,克服外部条件的限制,自觉地跃升到下一层次。

第二,奉献意识是社会主义敬业价值观的一般层次。奉献意识是一种忠诚于事业、奉献于集体利益的忠诚意识和崇高意识,它不仅继承了上一层次的成就,还孕育有丰富的创新因素,是劳动者达到劳动自觉性的"必经之路"。在这一层次中,劳动者能够充分意识到自己的主体性、能动性、创造性,能够克服来自外部条件的挑战与限制。即使缺乏外部条件,劳动者也能在一定程度上够凭借能动性劳动创造外部条件。虽然劳动者摆脱了对外部条件的过度依赖,规避了实干意识坠落为"盲干"意识的可能,但依然面临奉献意识的考验:过度发挥主观能动性,不讲求客观实际和客观规律,缺乏必要的求实精神。当劳动者过度轻视外部条件时,不仅继承的实干意识随时可能变为"蛮干"意识,"忠诚"也随时可能转变为"愚忠"。此时,劳动者仍固执己见地认定自己的"忠诚"与"实干",但实际上已经质变为"愚忠"和"蛮干",劳动者的力量和本质无法得到实现。一旦劳动者认识到困惑和矛盾,就迫使他们做出选择:要么只停留在"忠诚"上,"忠诚"随时可能变成"愚忠";要么就将"忠诚"持续下去,克服主观夸大和主观主义,自觉地跃升到下一层次。

第三,创新意识是社会主义敬业价值观的最高层次。创新意识是一种实证探索、务实求真、敢于超越的科学精神,它是社会主义敬业价值观的高度体现。在社会主义敬业价值观的最高层次中,劳动者能够真正以创新的尺度对待劳动,因而蕴含有强烈的创新冲动和极高的创新可能:劳动者不仅继承了实干意识、奉献品格的成就,还拥有了求真务实的理念、敢于超越的气质、实证探索的规范。劳动者一旦跃升到社会主义敬业价值观的最高层次,不仅能够克服来自外部条件的挑战与限制,还能够规避来自内部条件的风险,它使劳动者达到了劳动自觉性。

二、社会主义敬业价值观的四个阶段

社会主义敬业价值观是分阶段的,它是社会主义敬业价值观层次性的外化表现。社会主义敬业价值观的阶段性,表达了人们对它的养成进度和实践水平,它的阶段性越高,就越能够实践它的创新本质。社会主义敬业价值观的每个养成阶段都不同程度孕育有创新因素,创新因素起着连接各个阶段的作

用。社会主义敬业价值观的阶段同样不能人为的跳跃,必须遵循实践的规律:

第一,实干是社会主义敬业价值观养成的初始阶段。在这一阶段中,社会主义敬业价值观将被凝练和概括为实干,其表现是勤劳、艰苦、奋斗、拼搏的心理状态和精神品格。社会主义敬业价值观的初始养成阶段,在历史上体现在奋发图强、不畏艰苦、勤劳奋斗的铁人精神。

第二,忠诚是社会主义敬业价值观养成的第二阶段。在这一阶段中,社会主义敬业价值观将被凝练和概括为忠诚,其表现是忠诚于事业、忠诚于集体利益的心理状态和精神品格。社会主义敬业价值观养成的第二阶段,在历史上体现在坚定立场、言行一致、奋不顾身的雷锋精神。

第三,奉献是社会主义敬业价值观养成的较高阶段。在这一阶段中,社会主义敬业价值观将被凝练和概括为奉献,其表现是集体责任,胸怀全局的心理状态和精神品格。社会主义敬业价值观养成的较高阶段,在历史上体现在毫不利己、专门利人、精益求精、对工作极端热忱的白求恩精神,以及亲民爱民、艰苦奋斗、科学求实、迎难而上、无私奉献的焦裕禄精神。

第四,求实创新是社会主义敬业价值观养成的最高阶段。在这一阶段中,社会主义敬业价值观继承了前三个阶段的优秀成就,它被凝练和概括为求实创新,其表现是不怕困难、有坚持力、忠于事业、无私奉献、勇于创新心理状态和精神品格。它在历史上体现为实证务实、批判超越、探究求真、勇于创新的科学精神。当社会主义敬业价值观养成到了最高阶段时,劳动的本质和力量才能够真正得到实现,因为"科学愈是毫无顾忌和大公无私,它就愈加符合于工人的利益和愿望"[1]。可见,劳动者只有养成到社会主义敬业价值观的最高阶段,劳动的进步性才能得到根本上的解放,劳动的创新性才能得到最彻底的实现。

---

① 《马克思恩格斯全集》(第 21 卷),人民出版社,1965 年,第 258 页。

第四章
儒家劳动伦理涵养社会主义敬业价值观的路径

从发生学的角度看,敬业价值观的涵养过程就是一种道义和精神产生及茁壮成长的过程,同时也是道德体验的过程。多年的道德经验证明,仅仅把敬业价值观的涵养停留在泛泛而谈的一般性的道德教育和号召上,其涵养效果十分有限。这是因为这种教育和号召空泛且缺乏体验,因而不能使劳动者把握社会道德必然性。作为一种精神或善物,敬业价值观不是职业理性的判断对象,而是情感的体验对象。简言之,敬业价值观的生长需要经常的目睹伟大崇高加以滋养,需要不断的道德经验加以体验。这即是说,敬业价值观的涵养要从道德情感的体验开始,并且要与劳动者个人的切身体验紧密结合起来,否则就很难打动他们的心灵。道德情感的体验离不开对荣辱感、满足感、期待感、公正感和认同感的调动和汇聚。五感至而精神足,只有调动和汇聚上述五感,劳动者才能够获得良好的道德感知与体验,道德经验也就得到了确证,敬业价值观才能够油然而生。

第一节　纪律规范:敬业价值观涵养的方圆之道

柯尔伯格说:"道德发展是一种不断增长着的认识社会现实或组织和联合社会经验的那种能力的结果。"①柯尔伯格发现,不断增长着的认识,是一种道德精神的生长,是首要前提。的确,一种道德精神总是由一系列的纪律与规范构成的,认识并接受这种纪律与规范是道德精神生长的开始。对于敬业价值观的培育,纪律与规范就具有认识论和价值论的双重作用:一是"方"的作用,它将告诉劳动者怎样做才能够称之为敬业价值观,迫使他们按照诸如此类的方式行动,同时对他们行为的倾向加以限制,禁止他们超出界限之外。二是"向"的作用,它将告诉劳动者什么是好的,什么是坏的,让他们知其荣辱。导而无方,没有对行为的约束,价值导向就失去了自己的轨道;约而无向,没有价值导向,行为的约束也同样失去了指定的目标。因而道德纪律与规范的使命就在于保证劳动者遵守这些道德要求,并且在纪律与规范的影响中获取一种荣辱感。

---

① [美]柯尔伯格:《道德教育的哲学》,魏贤超、柯森译,浙江教育出版社,2000年,第8页。

一、纪律规范在敬业价值观培育中的作用

作为一种道德精神,敬业价值观必须有严格的纪律与规范加以体现。由于"我国职业道德和敬业价值观缺失的原因是多方面的,有体制转换过程中道德规范尚未成型的影响,更重要的是道德思想的混乱动摇"①,因而研究敬业价值观培育所需的道德纪律与规范的问题,是培育敬业价值观的重要任务之一。在通俗的意义上,规范是指某一种标准、准则。最常遇到规范的地方,就是法律生活领域和道德生活领域,所有的法律条文和道德要求,都要以一种具体的规范加以体现。规范既可以是人们无意识约定俗成的,也可以是人们有意识制定的。一般说来,可以从两条途径来研究道德纪律与规范问题:一是研究道德纪律与规范一般,即从总体上研究道德纪律与规范的一般特性、本质特征及其基本功能等。二是研究道德纪律与规范的特殊,即分门别类地研究形形色色各种职业、行业具体的道德纪律与规范,在既定的条件下,向人们提出应该这样做和不应该那样做的各种要求。鉴于本书篇幅所限,本书只对前者进行研究。

规范总是与"应当"相联系,蕴含有价值的导向性,从而能够引导劳动者的动机。西方文化传统中,规范作为一种道德的他律具有禁欲主义倾向,即从外在约束力方面来看,规范似乎单纯地表现为社会对个人的"防范",理性对欲望的"束缚"。与西方文化传统不同,马克思主义伦理学在理解道德规范的这种他律性时,并不把外在的约束力理解为一种纯粹消极的东西,理解为一种道德禁欲主义。而是在强调道德规范对人的制约性时,同时强调道德规范对人所表现出来的价值导向功能。这是因为从逻辑上看,规范的建

---

① 王泽应:《论敬业价值观》,《中南林业科技大学学报》(社会科学版),2007 年第 3 期。

构总是以某种价值的确认为前提的。在一定意义上,规范就是价值的形态,比如你应该勇于担当,这样的规范本身就澄明了一种价值,并且具有价值的形态。由于劳动者首先是根据这种价值形态来规定行为的规范和评价的准则,因而规范就使劳动者确定了某种价值的存在。正如杨国荣所言:"规范内含着应当,以善的认定为根据,规范无疑涉及善恶的分辨:在肯定何者当为何者不当为的同时,它也确认了何者为善,何者为恶。"①价值是一种广义的好,在道德领域中,它表现为善。尽管广义的"好"与"应当"之间并不一定具有蕴含关系,但就道德实践而言,"什么应当做"与"什么是善"之间却存在着内在的一致性。唯有对善与恶有所认定,才能进而形成何者当为,何者不当为的行为规范。这就是说,规范作为当然之则为行为提供了选择的价值根据,从而引导行为的动机。在上述例证中,如果劳动者知道且接受"你应该勇于担当"的规范,那么其行动要么是出于担当的考虑,要么是对担当的背离。这就表明,规范对劳动者的动机能够产生一定的影响。

而"应当"往往同时关联着义务与责任,还具有行为的指导性,能够约束劳动者的行为。杨国荣认为:"从形式层面看,规范显然与行为有更切近的联系:它既规定了应当做(to do)什么,又提供了评价行为的准则。"②这表明,除了价值的导向性,"应当"似乎与义务有更为切近的联系,而如果你承担了某种义务,那么你就"应当"完成义务所规定的各项要求。当劳动者对如此这般的行为负有一定的义务,就意味着他在诸多可能的行为中,"应当"选择此而非其他。

显然道德纪律与规范能够影响劳动者的信念、动机和行为,正确的道德纪律与规范有利于敬业价值观的培养。从根本上说,道德规范的这种价值导向功能,是与行为的约束功能同时并存、同时发挥作用的。没有对行为的

---

① 杨国荣:《伦理与存在》,上海人民出版社,2002 年,第 149 页。
② 同上,第 154 页。

约束,价值导向就失去了自己的轨道,导而无方,毫无意义可言;没有价值导向,行为的约束也同样失去了指定的目标,约而无向,也无意义可言。只有同时加强道德与纪律规范的价值导向性和行为约束性,纪律与规范才能够发挥影响劳动者信念、动机和行为的功能。库恩曾在科学研究和发展的领域内提出了著名的"科学规范"的理论,他把这种"规范"理解为一种科学共同体所共有的信念、模型和范式,甚至理解为一种宗教信仰式的信念,认为由这种信念所产生的狂想而虔诚的科学尝试,对科学的发展起到了重要作用。[①] 这表明,科学而有效的纪律与规范对劳动者信念、动机及行为的巨大影响力。

二、道德规范与"为事业而劳动"的动机导向

敬业价值观的培育,首要在于订立相应的行业或职业道德规范。而订立行业或职业道德规范,首要在于重视其中的价值导向,把"为事业而劳动"的价值导向灌输到行业或职业道德规范之中。皮亚杰曾指出:"原始的责任感实质上是他律的,因为责任就是从外面接受命令。"[②]无论是什么形式的道德纪律与规范,都要体现出某种道德上的他律性。所谓道德规范的外在约束力,主要就是指道德规范的他律性。在规范伦理学中,道德他律的直接含义,就是指人或道德主体赖以行动的道德标准或动机,首先受制于外力,受外在的根据支配和节制。这些外力或外在的根据,是超出道德自身和道德主体自身之外的。

---

① 参见[美]托马斯·库恩:《科学革命的结构》,李宝恒、纪树立译,上海科学技术出版社,1980年,第5页。

② [瑞士]皮亚杰:《儿童的道德判断》,傅统先、陆有铨译,山东教育出版社,1984年,第120～121页。

但是在不同的规范伦理学体系中,这种外力或外在的根据却是各不相同的。在马克思主义伦理学中,强调道德规范的他律性与别的规范伦理学是一致的。但是马克思主义伦理学在对道德规范他律性的性质及其原因的理解上,又与一切非马克思主义的规范伦理学有显著的差别。在马克思主义看来,道德规范本身就是一种社会存在的产物,是一定的社会关系和道德关系在人们的道德意识中的反映和概括。道德规范的他律性,无非是客观的社会道德关系和客观的社会道德要求,对进行道德实践活动的人们的一种基本节制或限制。

"为事业而劳动"的价值导向要肯定劳动者正当的个人利益,这就意味着行业或职业道德规范要体现个人利益与社会利益的关系,并且尊重和维护个人利益。行业或职业道德规范要想获得合法性,就必须承认个人利益的正当性。只有在道德规范中体现出个人利益的正当性,劳动者才能够自觉接受道德规范,履行"为事业而劳动"的职责。诚如上文所述,事业既是个人的事业,同时也是大家的事业,劳动者的个人利益在"为事业而劳动"过程中得到保护和发展。马克思主义伦理学从个人和集体辩证统一的关系上,来看待道德规范他律性的正当合理性。在马克思主义伦理学中,一切行业或职业道德规范都是依据上述原则引申出来的。这就是说,行业或职业道德规范一方面要强调个人利益与社会利益的辩证统一关系,强调劳动者个人利益的正当性。另一方面则要强调社会利益利益的优先性,强调在必要时刻个人利益可以对社会利益做出的必要的让步。

"为事业而劳动"的价值导向还要约束和节制破坏事业的观念和行为,这就意味着行业或职业道德规范要体现调整个人追求私利的行动。按照马克思主义伦理学的立场和观点,道德规范的他律性要反映集体利益对个人利益正当且适度的节制与约束。这就是说,道德规范要起到约束和节制的作用,使那些意欲脱离"为事业而劳动"的价值目标的劳动者个人,重新调整自己追求利益的观念和行动,以使自己利益的目标同"为事业而劳动"的目标趋于一致。

需要注意的是,"为事业而劳动"的价值导向要明确、具体、细致地体现在道德规范中。道德规范作为职业道德的具体化,要比职业道德在外观上更加明确化。例如,"为了事业而劳动"应成为劳动者一种奋斗动机或目标,但"劳动""事业"在这里表现的是一种较模糊的规定。但如果用若干道德规范来确定应当怎样劳动,包括劳动的时间、强度、形式、地点、途径、合作、分工等方面,那么劳动的要求就具体多了。总而言之,道德规范作为职业道德的表现形式,其他律性最终就是要以这种明确的、具体的、细致的规定表现出来。

三、道德纪律与敢为人先的作风生成

倘若没有相应的道德纪律,任何形式的敬业价值观都不会在劳动者心中生长。爱弥尔·涂尔干认为:"有一种体系似乎必然会把这些社会利益带给个人的心智,迫使个体尊重它们,这种体系就是道德纪律。"[1]纪律是一种规范,它是调整劳动者个人和他人、个人和社会关系的重要方式,它要求人们在职业劳动中遵守秩序、执行命令和履行自己职责。但纪律的外延小于规范,纪律是规范中规范行为正确与错误的部分。换言之,如果说规范可以告诉人们什么是善、什么是恶,那么纪律则告诉人们什么是对,什么是错。从伦理学史上看,在阶级社会中不同阶级的纪律有不同的内涵。在前资本主义社会,统治者为了维护剥他们的利益,往往强制被统治者严格按照其意志进行活动,并遵守其确定的纪律,这种纪律在前资本主义社会下实质上是一种"棍棒纪律"。到了资本主义社会,由于自由、平等、博爱以及民主、法治

---

① [法]爱弥尔·涂尔干:《职业伦理与公民道德》,渠敬东译,商务印书馆,2015年,第15页。

等价值观念深入人心,"棍棒纪律"被统治者废除,这在一定意义上具有相当的历史进步性。但是废除"棍棒纪律"的目的并不是为了使广大的劳动者获得实质上的自由,而是为了促进他们的能动性和积极性,因而从本质上废除"棍棒纪律"还是为了资本家阶级的统治。在资本主义社会,为了维护资本家阶级的利益,资本家阶级大力推行"饥饿纪律":在资本主义雇佣劳动制度下不劳动者不得食,不劳动者必失业。从本质上说,"棍棒纪律"和"饥饿纪律"都具有剥削性,因而不具有道德属性。在马克思主义伦理学中,纪律用以反映人与人之间的新型的同志式关系,因而具有道德价值。列宁把这种纪律同发展劳动者的敬业价值观联系起来,他认为"共产主义者的全部道德就在于这种团结一致的纪律"①。

必须坚持把道德纪律挺在前头,使道德纪律同发展劳动者的主动精神、担当精神和创造精神,以及同他们对事业的责任心联系起来,同反对劳动者不良的职业劳动作风联系起来,这样才能逐渐树立劳动者敢为人先的作风。迪尔凯姆认为:"当我们发现道德能够把伦理的基本原则变成具有神圣起源的律条时,道德的这种超验性质就可以在大众的观念中得到表达了。"②具有权威性、严肃性的道德纪律使道德观念得以传播和表达。所有道德纪律都是为个体制定的规则,个体必须循此而行,不得损害集体利益,只有这样,才不会破坏他本人参与构成的社会。如果允许个人按照自己的倾向做事,个人或许能够干事业,促进事业的发展,但也可能破坏事业,阻碍事业的发展。然而道德纪律能够约束劳动者个人,为他们标示出行动的界限,告诉他们应该与人结成什么样的人际关系,不正当的侵害和行为从哪里缘起,个体对事业负有什么样的职责,为维护社会利益应该负有什么样的责任,如此等等。由此可见,良好的纪律有利于作风建设。在中国共产党的历史上,曾有两个

---

① 《列宁全集》(第31卷),人民出版社,1958年,第261页。
② [法]涂尔干:《职业伦理与公民道德》,渠敬东译,商务印书馆,2015年,第16页。

具有不同针对性的"三大纪律八项注意"。其中一个是针对人民军队建设的,其三大纪律有"一切行动听指挥""不拿群众一针一线""一切缴获要归公";另一个则是针对党政干部的,其三大纪律有"一切从实际出发""正确执行党的政策""实行民主集中制"。实践证明,这两个三大纪律对人民军队的作风建设和党政干部队伍的作风建设具有重要的历史意义和作用。同样的道理,没有劳动者的主动精神、担当精神和创造精神,没有他们对事业的责任心,就不可能树立起敢为人先的作风。而他们的主动精神、担当精神、创造精神和他们对事业的责任心,是在严明的道德纪律中培育起来的。

用严明的纪律来加强劳动者的作风建设,还必须要保证执纪力度和强度,确保道德纪律时时抓在手上,做到经常抓、长期抓,否则敬业价值观的培育就难以持续。如何做到道德规范的持续性,即如何处理理性与个人意向或欲望的约束与摆脱约束的关系,始终是伦理学的重要课题之一。

劳动者作为一种有意向、有欲望、有情感的动物,容易被世俗利益所诱惑。一旦劳动者精神信念无法驾驭欲望和情感,就容易被欲望和情感所左右,出现懈怠和松懈情绪,甚至做出有损他人和社会利益的事情。这在工作上就表现为,有的人缺乏主动精神和工作激情;有的人缺少事业心和进取意识;有的人处理事情主次不分,举棋不定,久拖不决,以不变应万变;有的人不敢承担责任,避重就轻,顾此失彼。时间一长,道德纪律就因缺乏严肃性和普遍性而丧失权威,劳动者就会产生逃避道德纪律的束缚的倾向和心理,道德规范的持久性、连续性就被破坏。柏拉图曾把理性与个人意向、个人欲望的关系,描绘为驭手与烈马的关系:人的欲望就像一匹暴躁的烈马,必须由技艺高超的理性驭手来驾驭。

马克思主义伦理学既然从社会存在、从集体利益的角度来理解道德纪律的,也就必然把道德纪律理解为一种社会的或集体的理性,即道德纪律是人把握欲望的一种道德能力。道德纪律对个人意向与欲望的把握,是通过把社会的或集体的道德价值,用道德纪律的形式明确肯定下来,从而使之成为一种个人所感受得到的约束力量而实现的。从人类的道德发展历程来看,无论是道德的个体发生还是道德纪律的属系发生,都表明道德纪律对人的意向和欲望的作用力,而这种作用力来自于纪律的严肃和权威。如果纪律不严明且松散,道德纪律就将丧失权威,从而人们就不会感受道德纪律的存在,也不会对道德纪律产生尊重感。因此,唯有保证执纪力度和强度,确保严明的纪律常抓不懈,才能保证道德纪律的严肃和权威,发挥道德纪律的压抑性的特质,使劳动者对道德纪律保持一种敬畏感,不能与道德纪律的要求背道而驰,敬业价值观在劳动者心目中才有生长的可能。

第二节　德福一致:敬业价值观涵养的基本要求

　　纪律规范虽然告诉了劳动者"应当"做什么,规定他们职业劳动的价值目标和作风,但并不能担保他们在行为中实际地遵循这种规范。因为"规范作为普遍的当然之则,总是具有超越并外在于个体的一面,它固然神圣而崇高,但在外在的形态下,却未必能为个体所自觉接受,并化为个体的具体行为。同时,规范作为普遍的律令,对个体来说往往具有他律的特点,仅仅以规范来约束个体,也使行为难以完全避免他律性"①。因而,敬业价值观的培

---

　　① 杨国荣:《伦理与存在》,上海人民出版社,2002 年,第 149 页。

育还需要使劳动者的行为具有自律性。"德福一致"能够纠正"勇于担当吃亏""敢为人先是傻"的现象出现,使遵纪守范、勇于担当、敢为人先之人有福报,营造出敬业有福、劳动得报的道德氛围。正如康德所说:"德行与幸福一起构成一个人对至善的占有。"①德福一致使劳动者内心产生满足感、期待感,使他们从内心上接受纪律规范的道德律令,从而使敬业价值观在他们心里生根发芽。

一、德福一致在敬业价值观培育中的作用

如果敬业价值观不能给劳动者带来幸运、快乐和幸福,不能实现个性的解放和全面的发展,反而带来不幸、痛苦和苦难,那么敬业价值观有又什么值得追求的呢? 费尔巴哈曾经指出:"生活(自然是无匮乏的生活、健康的和正常的生活)和幸福原来就是一个东西,一切的追求,至少一切健全的追求都是对于幸福的追求。"②费尔巴哈解释了一个最为朴实的道理,那就是人们一切的追求都是出于对幸福的渴望,人们对道德精神的追求也不能例外。生活经验也证明这点,当"德"与"福"相对立时,人们对道德精神就会产生怀疑,正常的道德秩序就会遭到挑战;相反,当"德"与"福"趋于一致时,人们的道德精神会被激发,良好道德秩序就易于形成。作为一种道德精神,人们尊重和追求敬业价值观也完全是出于对幸福的渴望。人们奋斗所争取的一切,都同他们的利益有关,道德精神一旦离开利益,就会使自己出丑。如果人们尊重和追求敬业价值观不能给他们带来幸运、快乐和幸福,反而带来不幸、痛苦和苦难,那么敬业价值观就不值得尊重和追求。敬业价值观如果不

---

① ［德］康德:《实践理性批判》,邓晓芒译,商务印书馆,2003年,第152页。
② ［德］费尔巴哈:《费尔巴哈哲学著作选集》(上卷),荣震华译,生活·读书·新知三联书店,1959年,第543页。

跟劳动者的利益、福祉密切相关，敬业价值观就失去了存在的价值和必要。

这说明，敬业价值观是否值得劳动者尊重和追求必须加以澄清，否则对敬业价值观的道德号召只能沦为空泛的说教，不具信服力。敬业价值观的培育问题在一定程度上就是道德信仰的培养问题。道德信仰与宗教信仰既有联系，又有不同。蔡元培认为："人类利用厚生之道，悉本于天，故不可不畏天命，而顺天道……犹不悔，则罚之。"①"德福一致"是与古老朴素的"善恶因果律"的道德信念一致的，而宗教信仰也与"善恶因果报应"相联系，二者都强调人的德行与其福报之间的必然联系。凡是遵循天道即是为善，会得到福报；凡是违背天道即是为恶，要遭到惩罚。但二者在本质上又存在根本的区别，道德信仰把人的满足感和期待感寄托于现实，通过人的双手能动地改造客观世界，从而获得相应的回报。而宗教信仰则是把人的满足感和期待感寄托于超验的上帝，通过上帝之手确保德福一致的实现，上帝决定了"善恶因果律"。欧洲启蒙运动时期，众多思想家都试图推翻上帝的统治，比如康德就曾尝试把信仰奠定在人的"纯粹实践理性"基础上，只要靠自己的"善良意志"就可以为自己的行为划定界限，"人不但可以为自然立法，而且人可以为自我立法"，从而人获得了道德的主体性。康德虽然把上帝从前门赶了出去，但实际上又从后门请了进来，因为"善良意志"可能的前提是预设"上帝不死""灵魂不朽"。可见，宗教信仰在很大程度上是依靠超自然力量的支持而被人们所信奉，并且只能够通过因信称义的办法成为信徒；而道德信仰在很大程度上是依靠人类理性力量的支持而被人们所信奉，可以通过现实世界及其人们的劳动得到确证。根据马克思主义的观点，现代社会道德信仰的培养应当既要满足人的感性需要，又要在满足人的感性需要的基础上提升人的精神生活，并关注人的精神和物质生活的平衡。道德信仰的

---

① 蔡元培：《中国伦理学史》，东方出版社，1996年，第6页。

培养必须奠定在这个原则之上,否则道德信仰就很难在人们心中生根发芽。"德福一致"就是奠定在上述原则至上的伦理主张,它关注人的精神和物质生活的平衡,主张建立一种付出与回报之间的正比关系。所谓"德福一致",是指德行与福报之间呈现因果的关联性,即劳动者的德行能够给自己带来相应的福报,反之如果劳动者做出有背德行的事情来,就会遭到惩罚和损害。这里,福报可以从两个方面去理解:一是物质生活方面的回报,二是精神生活方面的回报。显然,德福一致承认人的感性需要的合理性,不再主张纯粹的利他主义。从这一角度看,"德福一致"体现了个体内在的理论理性的精神与实践理性的精神的统一[1],澄明了敬业价值观作为一种道德精神的价值。

由此可见,"德福一致"是敬业价值观培育的基本要求,它让有德行的劳动者获得相应的福报,让背离德行的劳动者受到相应的惩罚,使劳动者产生满足感和期待感,从而有利于他们敬业价值观的形成。马克思曾说:"个人的真正的精神财富完全取决于他的现实关系的财富。"[2]道德精神产生的最终源泉是人们的经济关系和经济状况,敬业价值观能否在劳动者心中生根发芽取决于他们从现实的生产和生活中的经验,因为"人们自觉地或不自觉地,归根到底总是从他们阶级地位所依据的实际关系中——从他们进行生产和交换的经济关系中,吸取自己的道德观念"[3]。敬业价值观要想成为一种普遍的社会道德现象,就需要"德福一致"原则的普遍实施。劳动者的德行有两个基本出发点:一是,他们期望道德践履获得某种回报,如果他们积极地为社会服务,勇于担当,那么他们也就期望别人也如此行动。二是,他

---

① 参见[美]约翰·罗尔斯:《正义论》,何怀宏译,中国社会科学出版社,1998年,第100~108页。

② 《马克思恩格斯全集》(第3卷),人民出版社,1960年,第42页。

③ 《马克思恩格斯全集》(第20卷),人民出版社,1971年,第102页。

们为了满足某种精神利益追求,这完全是出于他们对道德人格的追求,并没有想到要得到什么物质回报。毫无疑问,如果"德福一致"使劳动者的德行获得相应的福报,尤其是社会给予他们必要的福报,那么这不仅能够补偿他们在德行中的物质利益损失,更会加深其精神利益的满足感和期待感,必然激发其更多的道德行动。因此,"德福一致",即道德践履与福报相对应是敬业价值观培育的基本要求。

二、勇担社会责任的福与报

劳动者勇担社会责任是敬业价值观的体现,也是敬业价值观培育的一项重要内容,只有设法让劳动者敢于担当社会责任,能够担当社会责任,渴望担当社会责任,才能够让敬业价值观在责任担当的实践中培养起来。那么如何才能够使劳动者敢于担当社会责任,能够担当社会责任,渴望担当社会责任呢? 要想实现上述目标,就必须做到"德福一致"。劳动者一生中的许多时间要在劳动中度过,如果劳动付出不能得到相应的回报,长此以往,必然要挫伤劳动者的积极性。在这个意义上,"德福一致"要求的是劳动者的德行要获得福报。这里"福"即指的是机遇,包括劳动者个人职位晋升的机会、职业荣誉获得的机会、职务公平竞争的机会、职业教育及培训的机会、交流的机会等。"报"则指的是待遇,包括劳动者的工资、奖金、红利和各项社会保障等。正如习近平所说:"生活在我们伟大祖国和伟大时代的中国人民,共同享有人生出彩的机会,共同享有梦想成真的机会,共同享有同祖国和时代一起成长与进步的机会。"①劳动者的发展需要得到满足,发展需要主要是人自我实现的需要。

---

① 《十八大以来重要文献选编》(上),中央文献出版社,2014 年,第 235 页。

首先,敢于担当社会责任意味着要使劳动者对担当行为无所顾虑,这就要求我们在保障劳动者的各项待遇的前提下,做到"有功必奖"。劳动者必须依靠劳动换取劳动报酬,是一个经验事实。劳动者必须依靠劳动报酬维持自身、家庭的生存和发展,劳动主要还是一种谋生的必要手段。正如马克思所说:"劳动这种生命活动、这种生产生活本身对人说来不过是满足一种需要即维持肉体生存的需要的一种手段。"①一般而言,生活压力造成了劳动者的最基本的两种顾虑:

一是生存之忧。劳动者要维持生命,劳动就需要物质补偿,劳动者就有物质利益的需要。任何否认劳动者在物质利益方面的需要,否认劳动在物质方面的补偿,都违背日常生活的经验事实。如果劳动报酬不能补偿劳动付出,那么劳动者就得不到充分的物质保障。

二是养家之忧。劳动者依靠劳动报酬维持家庭的正常生活,也是一个经验事实。各项待遇必须能够支付劳动者赡养子女和养活家庭的费用。如果各项待遇不合理,不足以支付这部分费用,劳动者难免会有顾虑。要想让劳动者敢于担当社会责任,就必须让他们"能够生活。但是为了生活,首先就需要衣、食、住以及其他东西"②,确保各项待遇能够充分补偿劳动的损耗,满足他们在生存和养家的需要,从而能够打消他们的顾虑。马克思也承认:"一个普通工人,如果他的工资高,他就能……雇个仆人,或者有时去看看喜剧或木偶戏。"③由此可见,包括工资、奖金、红利、社会保障在内的各项待遇,是鼓励劳动者勇担社会责任的重要手段。

合理的劳动报酬让劳动者看到,自己的劳动能够获得应有的福利和福报,自己的劳动权益得到正当的保障,劳动力价值也能得到正确的体现,从

① 《马克思恩格斯文集》(第一卷),人民出版社,2009 年,第 162 页。
② 《马克思恩格斯文集》(第三卷),人民出版社,1960 年,第 31 页。
③ 《马克思恩格斯文集》(第二十六卷),人民出版社,1972 年,第 268～269 页。

而激发劳动者的积极性。

其次,能够担当社会责任意味着要使劳动者有条件施展才华,这就要求我们为劳动者施展才华提供舞台,多给予他们支持,多"搭梯子",并且做到"有才必励"。巧妇难为无米之炊,必要的环境、条件使劳动者有施展才华的可能,要尽可能地给敢于担当社会责任的劳动者多一些条件,多一些舞台。即便没有条件也要创造条件,没有舞台也要创造舞台。"搭梯子"要根据每个劳动者不同的情况,为不同类型的人才绘制成长线路图,进一步拓宽他们成长的渠道,让优秀的人才脱颖而出。在他们成长发展的路径中,注重强化引导帮助,最大限度地激发和调动他们的工作热情和创造热情。为劳动者提供施展才华的舞台还意味着要对他们勇于担当适度宽容。在施展才华的过程中,担当负责难免会犯错误,但犯错误不可怕,可怕的是怕犯错而裹足不前,更可怕的是犯了错误而被一棍子打死。劳动者的担当负责就是一个成长的过程,而成长总要付出代价,这就要求我们以包容宽容的态度对待正成长过程中的劳动者,要从关心、帮助和体谅的角度做好引导帮扶工作,营造让劳动者承担责任并在创造性的工作中体会到成就感的氛围。

最后,渴望担当社会责任意味着要使劳动者责任之心和高远之志得到肯定,这就要求我们多给他们机会,多"压担子",并且做到"有为必彰"。劳动者的主体价值和地位表明了他的责任、担当,反映了他的贡献、力量。劳动者渴望担当社会责任,有时是出于他们对自身价值和地位的考虑,这是劳动者主体性的外在表现。正如习近平所说:"强和改进年轻干部工作,对那些看得准、有潜力、有发展前途的年轻干部,要敢于给他们压担子,有计划安排他们去经受锻炼。"①只有保证劳动者的主体地位,多给予他们机会,多"压

---

① 中共中央宣传部:《习近平总书记系列重要讲话读本》,人民出版社、学习出版社,2014年,第164页。

担子",才能"充分调动工人阶级和广大劳动群众的积极性、主动性、创造性"①。承认和保障劳动者的地位,就等于肯定了他的劳动意义和价值,能帮助他们正确地认识自己的责任、贡献、力量和价值。一旦劳动者意识到自己的价值和地位,他的责任之心和远之志就会被激发和释放,他就越要付出千百倍的努力回应人们的期待。当然,肯定劳动者的高远之志不代表要肯定他们的好高骛远。劳动者的高远之志要受到具体的历史条件的限制,因为任何志向都必须基于经验,而经验往往是具体的、历史的。对劳动者来说,高远之志不能脱离自身地位或条件,也不能脱离经验或经历。任何高远之志都要基于自身所处的身份、等级、社会关系以及经验、经历等,否则高远之志就是空想、幻想,就是好高骛远。

三、来自领导的关怀与注目

如果说保障劳动者的各项待遇是用待遇吸引人,给劳动者提供施展才华的舞台是用事业激励人,那么来自领导的关怀与注目则是用感情化人。与西方社会和文化传统不同,在中国来自领导的关怀与注目有着特殊的社会意义与文化内涵。在这种特殊的社会意义与文化内涵下,领导对劳动者在政治、业务、心理、情感、生活和评价等方面的关怀与注目就是一种福报。

领导关怀的形成既得益于中国的文化传统,又来自于无产阶级政党在革命和建设中形成的优良传统。无产阶级政党有着党内关怀的优良传统,所谓党内关怀就是指无产阶级政党内部同志之间、同志与组织之间的团结

---

① 《庆祝"五一"国际劳动节暨表彰全国劳动模范和先进工作者大会隆重举行》,《人民日报》,2015 年 4 月 29 日。

一致、相互支持、相互帮助的做法。党内关怀可以最早追溯到正义者同盟时期①，该时期组织内部就存在着"人人皆兄弟"的氛围。此后，随着共产主义组织的建立，"全世界无产者，联合起来"取代"人人皆兄弟"成为新的口号，使组织内部成员之间的兄弟关系转变为同志之间的新型关系。党内关怀凝聚了组织成员的意志，提升了组织的战斗力。到了共产国际时期，马克思和恩格斯主张组织内成员之间在革命上、理想上、生活上要相互照顾、关心和帮助，党内关怀至此成为一个优良传统，对国际共产主义运动产生了积极的影响。中国共产党继承了马克思主义政党党内关怀的优良传统，又结合中国的具体实际把党内关怀创造性地发展为领导关怀。早在新民主主义革命时期，毛泽东就提出了党内关怀的问题，他在改造新民学会时就主张要在共同主义、政治理想基础上发展同志之间的激励、支持和团结合作的关系。1920年，毛泽东在给陶毅的信中，提出要把新民学会建设成为"一个高尚纯粹勇猛精进的同志团体"，通过成员间"共同的研究"，"共同的准备，共同的破坏和共同的建设"，②最终形成合力，达到胜利。后来，毛泽东在给罗章龙的信中提出："固然要有一班刻苦励志的'人'，尤其要有一种为大家共同信守的'主义'，没有主义，是造不成空气的……不可徒然做人的聚集，感情的结合，要变为主义的结合才好。主义譬如一面旗子，旗子立起了，大家才有所指望，才知所趋赴"③。在新民主主义革命时期、社会主义革命和建设时期，毛泽东主张党的领导干部对各行各业的人才要"组织他们，培养他们，爱护他们，并善于使用他们"④。对于领导干部，毛泽东提出，要指导他们，提高

---

① 正义者同盟是侨居法国的德国政治流亡者、工人和手工业者于1836年在巴黎建立的国际性的秘密革命组织，它是世界上第一个马克思主义政党组织—共产主义者同盟的前身是。

② 《新民学会资料》，人民出版社，1980年，第59～60页。

③ 同上，第96～97页。

④ 《毛泽东选集》（第二卷），人民出版社，1991年，第526页。

他们,检查他们的工作,帮助他们总结经验,发扬成绩,纠正错误,还要照顾他们的困难,"干部有疾病、生活、家庭等项困难问题者,必须在可能限度内用心给以照顾"①。在对党员的关爱方面,他提出:"我们的干部要关心每一个战士,一切革命队伍的人都要互相关心,互相爱护,互相帮助"②。随着社会主义现代化建设的逐渐深入,党内关怀就逐步扩展到党外的爱国人士、社会主义的建设者和民主党派人士等各类群体,领导关怀代替党内关怀成为中国共产党深入群众、凝心聚力的重要法宝。

同一般的社会关怀相比,领导关怀有着特殊性。金民卿认为,从实践层面来看,"领导关怀是一种组织对其成员以及不同层次成员之间所发生的多元复合性、双向互动性的过程,既不是面向全体社会成员,也不是单向性的过程"③。从内容的层面来看,领导关怀兼具有强调政治性与非政治性内涵的特点,既是对劳动者政治上、地位上的关怀,同时也有业务上、思想心理上、情感生活上的关怀,既不是单纯的非政治性的,也不是单纯政治性的。从目标追求的层面来看,领导关怀的直接目的是满足劳动者在政治、业务、心理、情感和生活方面的需要,但根本目的却是激发劳动者的责任意识、劳动热情。由此可见,领导关怀是一种特殊的组织资源和教育资源,兼有政治性、艺术性。

领导关怀与注目能够激发劳动者的责任意识,有利于培养劳动者的敬业价值观。领导关怀是一种够激励劳动者鼓足干劲、发挥才能、有所作为的重要手段。在这其中,政治关怀是第一位的,领导对劳动者的政治关怀有利于昂扬他们的斗志;业务关怀是最基本的,领导对劳动者的业务关怀能够提

---

① 《毛泽东选集》(第二卷),人民出版社,1991年,第526~528页。

② 《毛泽东选集》(第三卷),人民出版社,1991年,第1005页。

③ 金民卿、李张容:《加强新的历史条件下的党内关怀》,《理论探索》,2016年第3期。

升他们的工作能力;情感关怀和心理关怀具有特殊作用,领导对劳动者的情感关怀和心理关怀够解决他们的心理压力和情感安慰;评价关怀则使劳动者感觉到有温暖感、荣誉感、成就感和尊严感。与领导关怀具有同等作用的还有领导的注目,所谓领导注目就是对劳动者的行为过程时刻保持关注。领导注目不一定要表达某种立场、观点或态度,注目本身不带有某种立场性的倾向,而仅仅是一种问候、询问和招呼。领导注目可以不带有实质性内容,也不发表鲜明的观点,既不做肯定性的评价,也不做否定性的评价。虽然领导注目不做评价、不表观点,但它的作用与领导关怀是等同的。

第三节　制度正义:敬业价值观涵养的根本保障

事实证明,日常生活中有德无福、有福无德者大有人在。从统计学的度来看,德与福有时一致,也有时不一致,它们之间的统一具有一定的偶然性。但这并意味着"德福一致"只是可遇而不可求的,因为"德福一致"的情况也总是存在的。这表明,德与福之间不只存在一种偶然的自然通道,在既定的社会化条件下还存在着人为的通道。所谓人为的通道,就是通过领导的力量、组织的力量、制度的力量等社会力量人为建构的方式促使德与福的统一。如果社会总是难以促成德与福的相通,甚形成德与福的相背,那么对劳动者的消极影响也是不言而喻的。其实,无论现实生活中有德无福、有福无德者是否大有人在,都不妨碍我们提倡"德福一致"的伦理主张。关于实现

"德福一致"的问题,由于"德福一致"的实现不仅复杂而且要讲求一定条件,它们之间很难完全一致,因而问题的关键不在于一定要促成德与福之间的完全一致,而在于一个单位、行业乃至社会虽然不可能给每一个劳动者都提供"德福一致"所需要的一切条件,但完全可以为他们的发展需要的满足提供充分而又公平的基础和机会。一个单位、行业乃至社会,如果为劳动者在这方面提供的基础越坚实、机会越多,越是有助于"德福一致"的实现,使他们乐此不疲地努力奋斗。简言之,我们应该动用一切可以调动的积极因素和社会力量,努力构建一种正义制度,将"德福一致"加以保障,让劳动者有公正感。如果一个制度能够确保他们为事业奋斗有所得,个人牺牲时有所偿,努力奋斗及其成就得到公正的评价和对待,那么就可以说这个制度能够保障他们的利益,这种制度就可以称之为正义的制度。显然,正义的制度使他们为事业奋斗无所顾虑,为事业牺牲无所畏惧,把事业的成功当作是自己的成功,把事业的失败当作自己的失败,在干事业中挥洒热情,在挥洒热情中敬业价值观油然而生。

一、"给人应得"是制度正义的灵魂

敬业价值观培育的根本在制度,而制度的根本在于是否正义。一个好的制度必定受到劳动者的拥护和欢迎,能够激发他们劳动的热情,而一个坏的制度则会受到劳动者的抵触,令他们感到厌烦。爱弥尔·涂尔干指出:"激发情感是极其重要的,因为情感是行为的驱动力。然而最为必要的是,通过正当的理性程序来激发人的情感;最为必要的是,这些情感不应是盲目的激情;最为必要的是,要用那些澄清和引导它们的观念来制衡它们"[①]。这

---

① [法]爱弥尔·涂尔干:《道德教育》,陈光金、沈杰、朱谐汉译,上海人民出版社,2001年,第93页。

表明,制度诚然是敬业价值观培育的根本保障,但是如果期望一个坏制度能够激发劳动者的积极性,那么其结果必定使人大失所望。斯密曾指出:"与其说仁慈是社会存在的基础,还不如说正义是这种基础。虽然没有仁慈之心,社会也可以存在于一种不很令人愉快的状态之中,但是不义行为的盛行却肯定会彻底毁掉它。"①与斯密的主张相似,罗尔斯把正义视为制度"第一美德",他认为:"正义是社会制度的第一美德,如同真理之为思想的第一美德。一种理论,无论多么雄辩和精致,若不真实,就必须加以拒绝或者修正;同样,法律和制度,无论多么行之有效和治之有序,只要它们不正义,就必须加以改革或者废除"②。罗尔斯将正义视为社会制度"第一美德"的意义在于,作为某种秩序和规范的制度体系,它所应追求和可能达到的最标应是公平与正义,否则制度就缺乏存在的合理性或合法性。

那么,什么样的制度才能够称得上是好制度呢?按照马克思主义的观点,一个好的制度必定是正义的制度,"给人应得"是它的灵魂。这里的"得"泛指利益,"给人应得"意思就是确保劳动者的利益不受损害。在敬业价值观的培育过程中,应该始终牢记马克思主义创始人的告诫:"'思想'一旦离开'利益',就一定会使自己出丑"③。在马克思主义看来,包括理想信念在内的一切观念和社会意识形式,都是伴随人们的物质生活和物质社会关系的变化发展而变化发展的,因为"历史不过是追求着自己目的的人的活动而已"。而作为一种信念,敬业价值观也是人的一种持续的、专注的、有目的的活动。劳动者个体只有同他人和社会发生一定的利益关系,才有可能产生这种道德品质。恩格斯指出:"人们自觉地或不自觉地,归根到底总是从……

---

① [英]亚当·斯密:《道德情操论》,蒋自强译,商务印书馆,1997年,第106页。
② Rawls John, *A Theory of Justice*, The Belknap Press of Harvard University Press,1971: 3–4.
③ 《马克思恩格斯全集》(第20卷),人民出版社,1956年,第103页。

他们进行生产和交换的经济关系中,获得自己的伦理观念"①,而"每一既定社会的经济关系首先表现为利益"②。尤其是资本主义社会兴起以来,利益"被升格为普遍原则"③,"被升格为人类的纽带"④,甚至"被升格为对人的统治"。利益关系成为一切社会关系的内核和本质,因而,利益也必然成为一切观念的重要的现实基础之一。正因为利益原则如此重要,马克思通过对早期的资本主义社会的观察发现,资本主义社会借助市场经济的自由放任和资本鲸吞,到处制造各种不正义的现象,比如资本家对工人的压迫、剥削,工人阶级的异化,资本家阶级和工人阶级的对立,等等。造成种种不正义的现象的根本原因是资本主义社会缺乏"给人应得"的制度安排,"缺乏财产原始拥有的基本平等前提,私有制必定使产资的占有同产劳动本身分离开来"⑤,这就造成了资本家阶级不劳而获和工人阶级劳而无获的不正义的现象。政治解放并没能使劳动者获得真正的自由,它带来的只是让劳动者能够自由地出卖自己而已,在雇佣劳动下他们唯一的出路就是把自己的一切都贡献给冰冷的机器。在不正义的制度安排下,劳动者的敬业劳动恰恰是最可悲的、也是最可笑的,劳动者逃避劳动反而成为一种道德。

敬业价值观作为一种信念和追求,具有一定的超验性,在一定情况下甚至还具有反理性的一面。制度本身不是目的,而只是实现目的的手段,假如制度不能给劳动者带来一丝内心的与相互交往的平和,那么制度也就成了冷冰冰的工具。在这种缺乏伦理意义的制度下,劳动者感受不到自己的主体性,只能感到他自己不过是这个工具上的一个螺丝、一个齿轮。当然,现实世界并没有完美的、可以一劳永逸的制度设计,强调制度的正义只是表明

---

① 《马克思恩格斯选集》(第三卷),人民出版社,1995 年,第 434 页。
② 同上,第 209 页。
③ 《马克思恩格斯选集》(第一卷),人民出版社,1995 年,第 24 页。
④ 同上,第 35 页。
⑤ 万俊人:《论正义之为社会制度的第一美德》,《哲学研究》,2009 年第 2 期。

缺乏伦理关怀的制度,或者说缺乏正义的制度不能培育出超验的敬业价值观。

二、建立科学的职业劳动评价制度

任何劳动者都有确认、证明自己能力的愿望,建立科学的职业劳动评价制度,充分发挥人才评价和成绩评价的"指挥棒"作用,既能让劳动者受到公正的对待,又能激发他们劳动的热情,千方百计地提高自己的专业技术、服务水平,挖掘自身的潜力。维护和坚持制度正义,就是要建立科学的职业劳动评价制度,不因性别、资历等原因而区别对待,既不高估他们的贡献,也不贬低他们的价值。实践证明,只有建立科学的职业劳动评价制度,才能激发劳动者展现雄心壮志的热情,有利于调动劳动者发挥能动性、积极性和创造性。

建立科学的职业劳动评价制度首先要确保"公平",因为公平是效率的前提和保证。这里所讲的效率,是指劳动者从事职业劳动的效率。公平实现的程度如何,直接关系到劳动者从事职业劳动的状况,同时也就关系到他们劳动效率的高低。

首先,从劳动者的积极性来看,劳动者是任何一个单位提供生产或服务的核心,劳动者在职业劳动中的目的性、积极性和创造性,都与他们自身的利益直接相关。利益问题归根到底是一个分配问题,如果做不到分配公平,势必影响劳动者的劳动积极性,从而直接影响他们职业劳动的效率。只有在一个良好的、公平的职业劳动评价制度下,大多数劳动者认为自己的职业劳动所得是公正的、合理的,这样才能创造更高的生产和服务效率。

其次,在生产和服务中,资源的合理配置是提高职业劳动效率的重要保证。这里的资源既包括物质性的资源,也包括荣誉等精神性的资源。在公平竞争的制度下,劳动者必然会千方百计地提高自己的专业技术、服务水平,挖掘自身的潜力,调整工作状态,不断的加强学习与在学习,因而有利于提高职业劳动的效率。

再次,公平的职业劳动评价制度,能使劳动者在人格、价值选择、自由权利等方面受到普遍尊重,因而有利于劳动者提高自身素质,增强本质力量。反之,若职业劳动评价制度制定不公平,会使普通员工与领导之间、普通员工之间产生利益矛盾和利益冲突,使普通员工丧失了信心和忠诚。当前一个时期,作为职业劳动评价不公的典型现象,同工不同酬问题在一定范围内仍然存在。特别是在劳务派遣这种用工形式上,以及农民工群体上,同工不同酬现象时有发生。同工不同酬现象不但损害劳动者合法权益,降低了劳动者的满意度,动摇了劳动者勤劳致富的信心,影响劳动的积极性,而且违反公平正义,使劳动者之间收入差距拉大,造成很多社会不安定因素的出现。"公平正义是我们党追求的一个非常崇高的价值,全心全意为人民服务的宗旨决定了我们必须追求公平正义。"①对此,党和国家明确将实现同工同酬列入人权保障行动计划,提出要保障劳动者获得合理报酬,"规范劳务派遣用工行为,保障劳动者同工同酬"②。

最后,公平的职业劳动评价制度的实现,为单位良好的运行秩序提供了保障,因而也就为提高生产和服务水平,为劳动者职业劳动效率的迅速提高创造了良好的条件。在科学的职业劳动评价制度下,"无论工作本身是多么索然无味,如果它能成为获得声誉的手段,它就会变得可以忍受"③。反之,在特权泛滥,歧视和不公的评价制度下,劳动前途的预留空间被严重挤压,

---

① 《习近平关于社会主义政治建设论述摘编》,中央文献出版社,2017 年,第101 页。
② 中华人民共和国国务院新闻办公室:《国家人权行动计划(2021—2025 年)》,人民出版社,2021 年,第8 页。
③ 〔英〕罗素:《罗素论幸福人生》,桑国宽译,世界知识出版社,2007 年,第75 ~76 页。

劳动者无法确认、证明自己的能力,劳动者将失去展示雄心壮志的劳动热情。

在现代社会,若职业劳动评价制度制定的不公平,会使普通员工与领导之间、普通员工之间产生利益矛盾和利益冲突,使普通员工丧失了信心和忠诚。不合理的职业劳动评价制度是制造贫富差距的原因之一。同工不同酬就是职业劳动评价不公的典型现象,它使部分劳动者不能获得合理的劳动报酬,从而造成了劳动者之间的收入差距。我们并不反对收入差距的理性拉大。但反对收入差距的过度拉大,即反对收入差距达到十数倍或数十倍的程度。因为较大的收入差距降低了劳动者的满意度,动摇了劳动者勤劳致富的信心,从而影响了劳动的积极性。

建立科学的职业劳动评价制度还要统筹兼顾"效率",因为效率是公平的物质基础和发展动力。公平是与人的心理状态和观念形态相联系的主体性范畴,效率却是与生产和服务的结果即物化形态相联系的客体性范畴。按照唯物史观的理解,显然二者之间效率更为基础,且具有决定作用。① 所谓统筹兼顾"效率",就是评价制度要通过奖优罚劣的办法刺激、激发劳动者的职业劳动的热情。这里"优"既包括高尚的动机,又包括效果的良好。这就要求评价制度统筹劳动者的动机、情操和实际贡献,按照统筹的结果给予

---

① 从按照唯物史观的理解,每一种生产方式,都有与之相适应的公平观。原始社会的低效率,决定了原始共产主义的分配方式,产生了平均主义的公平观。奴隶社会开始有了少量的剩余产品,于是奴隶主的公平观就是限制奴隶的人身自由。到了封建社会,失去人身依附的农奴成为了社会的一个最低的等级,于是形成了封建等级公平观。到了资本主义社会,形成了"天赋人权""自由、平等、博爱"的公平观。在社会化大生产和生产资料公有制的基础上,产生了社会主义的公平观。历史上每一种新的生产方式,都促进了包括公平观在内的意识形态的发展。社会财富的增长,一部分人对财富的优先拥有,总是不断地催生和刺激着人们的欲望,正如黑格尔所说过的,恶是历史前进的杠杆,分配的不公所带来的正是对新的社会公平观的强烈渴求。从根本上说,先进的公平观,是建立在先进的效率上的。

他们相应的奖惩。那么，如何才能够做到这一点呢？应该从动机和效果的辩证统一关系出发考察劳动者的职业活动。①

首先，要在"过程"评价的框架下对动机进行考察和评价。一般来说，在动机和效果一致的情况下，善的动机，往往能够造成好的结果；恶的动机，往往造成坏的结果。但是，由于生产和服务活动的复杂性，生产者与消费者，服务者与顾客在认识上的局限性，以及生产和服务过程中难免出现的意外情况，等等，有些情况下善的动机也会造成坏的结果，这就是人们常说的好心办坏事；与此同理，恶的动机也可能造成好的结果，这就是人们常说的"歪打正着"。因此，在动机和效果一致的情况下，无论对职业劳动的动机评价，还是效果评价，制定相应的评价制度都可以反映出劳动者的贡献，有效率刺激、激发劳动者的劳动热情。问题是，客观世界的复杂性导致动机和效果往往呈现出复杂的关系。在现代社会，职业劳动评价单纯从动机评价或效果评价出发，其结果可能始终无法对劳动者及其职业活动做出正确地评价。因此，科学的职业劳动评价制度强调以"过程"评价优先，要求在实践中检验劳动者的动机与效果。这意味着要暂时搁置动机和效果，而对职业劳动的手段优先进行考察和评价。

动机是很难证明的。然而任何职业劳动的动机都期望获得某种效果，任何行动都要达到某种目标，为达到目标就必须要采取一定的手段、方法。从发生学角度看，有什么样的目的和动机，就要选择什么样的手段和方法，就能达到什么样的结果和效果。在实践的意义上，劳动者的一切职业活动都要表现为某种手段和方法，透过手段和方法也就能在很大程度上窥视到他们的动机。动机不但在手段、方法中产生，在手段和方法的使用中发展，而且还要受到手段和方法的约束和检验。上述理论为正确地考察和评价动

---

① 科学的伦理学所说的动机和效果的统一，绝不是把两者平列起来、同等看待。

机提供了途径。如果劳动者真正的从善的动机出发,而不是伪装成善的动机,他一定会竭尽所能,拼尽全力,毫无保留。那么,只要他能够证明了自己全心全意尽了力,即便出现好心办坏事,在评价中也必须予以肯定。一名教师教育他的学生,一名医生给他的病人治病,一名将军指挥作战,一名总经理管理公司,很多时候不会因为有善良的动机和好的愿望而确保有好的效果。在这种情况下,对他们的评价既不能单纯地强调动机,这属于动机论;也不能单纯地强调效果,这属于效果论,而是要根据他们为达到目的所采取的手段、方法及其所作所为,来检验其动机,去分析其效果。

例如一名医生在治病过程中,如果他单纯地出于治病救人的目的,而不是其他什么目的,并且确实竭尽所能、全心全意、毫无保留,但由于种种偶然的、意外的,或者设施落后,或者技术、知识所限,造成病人死亡,那么在对他评价时,不能否定他的动机和所作所为。因为这名医生的所作所为足以说明他的动机和行为有崇高的道德价值。在上述例证只能够可以看出,善的动机和好的愿望,无法从它的实际效果中得出,而只能由他所采取的手段、办法及其所作所为加以说明,即由他的实践加以说明。与此相反,如果一名医生说自己想治病救人,而在实际的治疗中却走马观花、草率马虎、任性而为,其结果造成病人死亡,那么对它的评价就要予以否定,因为这名医生并不是真正的出于治病救人,或是假意治病救人,或是为了名誉,或是为了逞强,或是为了敛财,或是其中掺杂了其他不为人知的目的。还有一种情况,如果一名医生在治病救人的过程中,确实从善的动机和好的愿望出发,全心全意、毫无保留地治病救人,造成了病人的死亡,但在此之后却不总结经验、努力进取、改进方法、提升技术,那么对他的评价也应予以否定。因为真正的善的动机和好的愿望要求他要总结经验、锐意进取、提升技术,最终达到良好的效果。

其次,要在"过程"评价的基础上对行为的效果进行考察和评价。一切目的和动机都是为了达到某种结果,一切职业活动的最终目的都是要达到某种效果。如果动机不能达到结果,行为不能取得效果,那么动机及其行为都是没有意义的。关于这一点,毛泽东早就有经典的论述:"一个人做事只凭动机,不问效果,等于一个医生只顾开药方,病人吃死了多少他是不管的。又如一个党,只顾发宣言,实行不实行是不管的。试问这种立场也是正确的吗?这样的心,也是好的吗?事前顾及事后的效果,当然可能发生错误,但是已经有了事实证明效果坏,还是照老样子做,这样的心也是好的吗?我们判断一个党、一个医生,要看实践,要看效果;判断一个作家,也是这样。真正的好心,必须顾及效果,总结经验,研究方法,在创作上就叫作表现的手法。真正的好心,必须对于自己工作的缺点错误有完全诚意的自我批评,决心改正这些缺点错误"①。可见,对劳动者的评价还要在其实践过程的基础上对其结果和效果进行评价,只谈善的动机和好的愿望,而不谈效果和结果,始终是没有价值的。对于一名医生来讲,如果他只是一心想治病救人,但却没有医术,那么还有什么价值?这样的医生不能称之为医生。同样的道理,对于干部来说,有德无才,难当大任;有才无德,其才足以济其奸。一个不贪污腐败且一心为群众谋福利的官员,如果没有任何作为,同样不能给予肯定的评价。

最后,在"过程"评价的框架下,只要证明行为的动机是出于恶的,那么不论其行为的效果如何,对其应该给予否定的评价。

当前,职业劳动评价有日益功利化的趋向。所谓评价的功利化倾向,是指职业劳动评价重效果,而不重动机,不重过程。以科学研究奖励为例,本应是一种荣誉上的奖励,但在实际操作中往往与奖金、头衔等过度挂钩,与个人利益息息相关,甚至成为评选各类人才不成文的"硬指标"和潜规则,将

---

① 《毛泽东选集》(第三卷),人民出版社,1991 年,第 873～874 页。

"功利"二字演绎得淋漓尽致。这已脱离了科研评价的动机和宗旨，使高校立德树人的公信力受到损害。科学研究的动力应该是兴趣、爱好、好奇心，绝非"功利"二字。

三、建立合理的个人牺牲补偿制度

在现实生活中，人们在遵循道德纪律与规范，敢为人先，勇于担当社会责任的过程中，难免都会付出一定的代价，出让一定的个人利益，做出一些个人牺牲，在部分职业或行业中甚至会给劳动者个人带来生命的危险。为减少人们履行道德义务的后顾之忧，保障其道德权利和基本利益不因道德上的牺牲而受损害，社会必须建立合理的个人牺牲补偿制度，做到义利相济。

建立合理的个人牺牲补偿制度，既是制度正义的重要体现，又是敬业价值观培育的内在要求。在理论层面上，作为道德范畴的敬业价值观具有调控和化解利益矛盾和利益冲突的功能，有利于个人利益与社会利益的统一，这意味着化解个人利益与社会利益之间的矛盾构成了敬业价值观的内在依据。马克思和恩格斯借用施蒂纳的概念，如利己主义、自我牺牲等，表述了自己的一些重要思想。马克思和恩格斯在批判青年黑格尔派成员施蒂纳的思想时指出："共产主义者既不拿利己主义来反对自我牺牲，也不拿自我牺牲来反对利己主义，理论上既不是从那情感的形式，也不是从那夸张的思想形式去领会这个对立，而是在于揭示这个对立的特殊的物质根源，随着这个物质根源的消失，这种对立自然而然也就消灭了。共产主义者根本不进行道德说教，施蒂纳却大量地进行道德说教。共产主义者不向人们提出道德上的要求，例如你们应该彼此互爱，不要做利己主义者等等；相反，他们清楚地知道，无论利己主义还是自我牺牲，都是一定条件下个人自我实现的一种必要形式。"①也就是说，"正确理解的利益是整个道德的原则"，不应该离开个人利益去谈社会利益，单纯地要求劳动者牺牲付出，而应该在"使人们的私人利益符合于人类的利益"②的基础上谈论社会利益，否则谈论道德就容易流于空泛。

个人牺牲补偿制度的内容要详细、明确，执行要及时、合理、适度。建立个人补偿制度的目的在于鼓励劳动者的道德行为，培育他们的敬业价值观。然而在现实生活中，劳动者的敬业价值观是逐渐树立起来的，其道德行为的发展是渐进的。这表明，如果不能够及时地补偿劳动者的个人牺牲行为，那么将在生活上、工作上给劳动者带来不便，不利于敬业价值观的培育。因此，个人牺牲补偿制度应该对劳动者的牺牲行为及时做出反应。同时，个人牺牲补偿制度的执行要合理、适度，而不能滥用。对于那些为了事业而牺牲个人利益的个人，不进要从物质的方面对其进行合理的、适度的补偿，还要通过社会各种传播媒介宣传褒扬，获得良好的社会声誉和各种社会资源，使他们能够感受到个人牺牲的值得的、正确的，从而引导更多的劳动者为事业努力奋斗，无所畏惧，无所顾虑，自觉勇于承担社会责任。值得注意的是，不能把个人牺牲简单看作是个人利益的损失，把补偿简单地理解为给钱、给荣誉，以至于把个人牺牲补偿制度看作是物质利益的等价交换，这就违背了个人牺牲补偿制度的初衷。

---

① 《马克思恩格斯全集》（第三卷），人民出版社，1960年，第275页。
② 《马克思恩格斯文集》（第一卷），人民出版社，2009年，第335页。

第四节 领导带头:敬业价值观涵养的关键所在

怀特海曾说:"如果不能经常目睹伟大崇高,道德教育便无从谈起。"①敬业价值观并不能自发地、自然地在劳动者心中生成,它是在先进分子的模范行动带动下逐步形成的。先进分子的模范行动成为培育敬业价值观的关键所在。先进分子不一定必须是雷锋、焦裕禄、孔繁森这样的典型人物,在很大程度上可以是各行各业的领导干部。领导走什么路,群众迈什么步,领导的一言一行、一举一动都是一种无声的感召和示范,劳动者都会看在眼里,记在心里。在敬业价值观培育的过程中,如果把纪律规范、德福一致和制度正义比作画龙,那么领导带头以身作则就是点睛之处。敬业价值观的培育需要一个耳濡目染的过程,只有领导带头相信、认同和践行敬业价值观,才能使劳动者从内心深处形成认同感,即相信、认同职业道德精神的合理性和神圣性,油然而生起一种对本职业崇敬的心理和感情。这时,敬业价值观对他们来说,既不是一种单纯的自愿行为,更不是一种服从行为,而是一种真正自愿自觉的行为,最终达到敬业价值观人人可信、人人可学、人人可为的效果。

---

① [英]怀特海:《教育的目的》,徐汝舟译,生活·读书·新知三联书店,2002 年,第 122 页。

一、领导带头在敬业价值观培育中的特殊作用

"社会主义职业道德要迅速地得到发展,各行各业领导带头实行职业道德最为重要。"[1]敬业价值观的培育关键在于领导带头,因为领导带头能够起到"上行下效"的示范作用和带动作用。罗国杰和王伟的这个思想,对于我们研究敬业价值观的培育,应该说有着直接的指导意义。

为什么领导带头在敬业价值观培育中起到关键作用?这是由领导干部的重要地位和特殊作用决定的。与西方国家的文化传统和权力结构不同,我国的文化传统和权力结构使得领导在道德领域具有特殊的符号意义、象征意义。中国自古以来就是一个地域广阔、国情复杂的大国,又长期采用中央集权的等级制行政体制,国家治理始终面临着如何处理好中央集权与地方分权关系的难题。新中国成立初期,为了迅速建立起独立完整的工业体系,打破国际社会的封锁,我国建立了中央集权的社会主义计划经济体制。改革开放前,虽然中央与地方关系经历了多次调整,但是总体上维持了中央高度集权的政府治理结构。关于中央集权的政府治理结构的优势与问题,毛泽东、周恩来、邓小平、薄一波等中央领导同志曾有过论述。毛泽东在成都会议上对新中国成立以来的工作经验进行总结时指出:"中央集权和地方分权同时存在,能集的则集,能分的则分,这是去年三中全会后定下来的。"[2]周恩来曾指出:"中央集权,本非大国所宜有,而中国民族性之庞杂,尤难期实现,故地方自治时也,亦势也。"[3]后来,周恩来又对中央集权有过精辟的论

---

① 罗国杰:《伦理学》,人民出版社,1989年,第255页。

② 《毛泽东文集》(第七卷),人民出版社,1996年,第371页。

③ 中共中央文献研究室、南开大学:《周恩来早期文集(一九一二年十月——一九二四年六月)》(下卷),中央文献出版社、南开大学出版社,1998年,第10页。

述："中央集权为无产阶级革命期中所必不能免的事实,这是凡稍懂革命战略的人都知道的。且全俄苏维埃所集的是什么权,各邦苏维埃所分的又是什么权,我们若不加以实在考察,细心地研究,便笼统地以'集权'二字来反对,亦嫌未当。"[①]邓小平也曾指出："在目前,党的上下级关系中的缺点,从总的方面说来,主要地还是对于发扬下级组织的积极性创造性注意不足。不适当的过分的中央集权,不但表现在经济工作、文化工作和其他国家行政工作中,也表现在党的工作中。"[②]薄一波在《三十年来经济建设的回顾》中指出："我们要改变建国初期从苏联学来的那种中央集权、计划一统到底的做法,我们就是要给地方、特别是给企业以相当的权力……当然,集中和分散都要适度。要给地方相当的权力,但中央也要有较大的权力,特别是方针、政策、计划必须统一在中央。尤其是在调整时期,经济上有许多困难,在这个时候,中央给地方分权过多,并不好。这个问题的关键,就是如何做到适度。"[③]后来,他曾在全国党校工作座谈会上的讲话中,关于我国经济工作的历史经验教训中提出"要正确地处理中央集权与地方分权的问题"[④]。这种集权形式,即将其有关的权力、资源都集中置于上层组织管理机构的一种权力配置方式,使领导具有很大的权利和权威。在党的组织内,党的下级对上级要服从,虽然保障了组织运行的效率,但正如邓小平所言,容易造成对党的下级组织的积极性创造性注意不足。改革开放以来,虽然中央为调动地方政府推进改革和加快地方经济建设的积极性进行了持续性的放权改革,但严格地讲,迄今为止的放权改革基本上是一种政策性放权措施,还不是一

---

① 中共中央文献研究室、南开大学:《周恩来早期文集(一九一二年十月——一九二四年六月)》(下卷),中央文献出版社、南开大学出版社 1998 年,第 491 页。

② 《邓小平文选》(第一卷),人民出版社,1994 年,第 227 页。

③ 《薄一波文选》,人民出版社,1992 年,第 371 页。

④ 薄一波:《若干重大决策与事件的回顾》(下卷),人民出版社,1997 年,第 1305 页。

种法律化的制度建构,因而困扰国家治理几千年的"中央管辖权与地方治理权间的紧张和不兼容"的难题,并没有真正从制度上得到破解。①

中央集权强调中央对地方集中统一的领导,适合我国的历史特点。讲中央集权,但又注意和发挥地方的主动性和积极性,合乎国情。这种政治传统和国家治理方式使领导带头具有象征性、符号性、权威性。这意味着领导带头对一个单位的风气、作风的形成具有关键作用。具体来说,可以从以下三个方面加以认识:

一是,领导干部的言行对敬业价值观的培育具有重要的示范导向作用。领导干部的言行是无声的命令、无言的力量。一个地区、一个部门、一个单位,主要领导提倡什么、反对什么,其言谈举止直接影响着本地、本部门、本单位的风气。领导身先士卒,就能一呼百应;领导以身作则,就能不令而行。领导在好的方面带头示范,就能形成好的风气和导向;反之,就会产生负面影响。

二是,领导带头是敬业价值观培育的工作办法。"火车跑得快,全靠车头带"。坚持领导干部带头,既是确保纪律规范贯彻落实,制度正义执行到底的重要举措,也是确保德福一致基本要求得到实现的有效手段。实践证明,领导重不重视、带头不带头,效果大不一样。只要领导带头,尤其是主要领导带头,单位的风气、士气就会得到改善;而无论干什么事情,只要领导带头,以身作则,率先垂范,就能关口前移、措施前置;领导干部想在先、做在前,普通劳动者才有热情、有激情;领导干部对工作抓得紧、抓得实,普通劳动者才会有干劲、有动力。

① 参见周雪光:《权威体制与有效治理:当代中国国家治理的制度逻辑》,《开放时代》,2011 年第 10 期。

二、领导权力与道德权威

尽管领导可以凭借领导权力使劳动者服从,命令和指挥他们的行为,但却无法燃起他们职业劳动的热情。服从与认同是两个完全不同的伦理概念,前者是通过某种外部的力量使人屈从,后者则是通过内在的精神使人尊重。领导权力能够使人从之,却不能使人敬之,只有道德权威才能使人产生折服之情、佩服之意、认同之感,从而得到人们的尊重。这表明,敬业价值观的培育需要劳动者发自内心的认同,而无法通过外在的领导权力使其屈从。职业劳动的热情只能靠他们所尊重的道德权威加以鼓励。

当前一个时期,我国职业道德和敬业价值观缺失的原因是多方面的,其中一个重要原因是一些领导带头把等价交换原则引入道德生活中。改革开放以来的四十年,社会主义市场经济体制得到充分的发展,这给我国职业道德的发展提供了契机。但市场经济毕竟是一种利益经济,"有其固有的一些消极属性,资产阶级极端利己主义的价值观念还不时地在毒化人们的心灵,拜金主义还会在一些人的头脑中膨胀,社会主义初级阶段还存在商品拜物教"[①],容易导致一些党员领导干部腐化堕落的同时,把本该属于市场经济活动中的等价交换原则引入人们的道德生活、党的政治生活和国家机关的政务活动中,给职业道德建设构成了挑战。对此,罗国杰早就警告说:"一些人会把商品经济的'等价交换'原则,引入我们的政治生活和道德生活中,人性自私、个人主义、享乐主义等观念,都有可能借着商品经济而腐蚀人们的思想。"[②]他还痛批道:"由于长期封建主义思想的影响,由于资产阶级腐朽思想的影响,再加上文化和经济的落后所带来的愚昧,在目前我国现实生活中,

---

① 习近平:《摆脱贫困》,福建人民出版社,1992年,第115页。
② 罗国杰:《罗国杰文集》(下卷),河北大学出版社,2000年,第150页。

仍然不同程度地存在着种种反人道的现象。例如……在一部分干部中,还存在着特权思想、家长作风、官僚主义,他们只知道对自己的上级负责,而不知道关心人民群众,只要求人们完成任务,而不关心他们的生活、福利、健康等切身问题,甚至对他们的疾苦置若罔闻、不闻不问。凡此种种,不但离共产主义道德的要求相差甚远,而且连社会主义人道主义的起码要求也没有达到,这对我国社会主义物质文明和精神文明的建设,对人民的利益都是极为不利的。"[①]王伟光也认为:"在现实生活中,确实有些共产党员只顾个人利益,甚至要求在党内也搞'等价交换'。"[②]如果单位的领导干部腐化堕落,容易带头搞坏了这个单位的风气,造成人们思想的混乱,甚至使一些人效仿。对此,刘启林曾形象地指出,由于官僚主义、形式主义和官本位思想的影响,以及资本主义意识形态的影响,一些党员领导干部"忘掉了共产党人只是人民的勤务员,他们处处为个人及其子女打算,用人民赋予的权力,干了大量损害人民利益的勾当,并用种种手段满足自己的私欲,给社会主义事业造成了极大的危害。有些青年目睹了社会上的这些丑恶现象以后,感到理想和现实有很大的差距,因此,产生了一些消极的想法,这些青年自以为生活已经给了他们足够的教育,使他们对一切都看透了。在他们看来,人们在社会中生活,都是为了谋取个人的私利,自私是人的本性,真正大公无私、全心全意为人民服务的人是没有的,提倡全心全意为人民服务完全是一句空话。这些青年思想中充满了矛盾,他们不满意极端利己主义者的卑劣,也不相信存在大公无私的品德"[③]。古人有言其身正,不令而行,其身不正,虽令不从。"正"是令"行"、令"从"的伦理动力。这表明,对于领导干部而言,道德权威比领导权力有时更为重要,因为道德光芒能温暖人心。如果一个部门科室、

---

① 《关于人道主义和异化问题论文集》,人民出版社,1984年,第336页。

② 王伟光:《利益论》,人民出版社,2001年,第261页。

③ 刘启林:《共产主义道德概论》,中国青年出版社,1990年,第111页。

一个企业单位的领导干部其身不正,行之不端,丧失了道德权威,那么他留给职工的只能是冷冰冰的面孔和毫无道德温度的行政指令。

从更深层次看,领导带头把等价交换原则引入道德生活中,是他们对领导权力推崇备至,贪恋权利,主动放弃道德权威的结果。这里的"道德"主要是指无产阶级道德。

首先,放弃道德权威就是放弃无产阶级道德立场。王稼祥认为:"由于城市的复杂,我们某些老干部一到城市工作,或者丧失了无产阶级的立场,在思想上政策上做了地主资产阶级的俘虏;或者小资产阶级的原形毕露,提倡和实行'左'倾冒险主义的政策。在作风方面,常常有脱离劳动群众的恶劣现象。尤其重要的是整生活,由于城市的繁华和剥削阶级的寄生生活的传统,我们某些干部一到城市工作,容易在生活上不严肃,贪污腐化,丧失了共产党改造社会的天职,而被旧社会恶习所同化。"①

其次,放弃道德权威就是放弃无产阶级的理想和信念,"比如,现在有的人对马克思主义科学真理产生了某种疑惑,对社会主义经过长期发展最终必然战胜资本主义的信念产生了动摇,对建设有中国特色社会主义事业缺乏信心,思想空虚,精神萎靡;有的人沉湎于花天酒地或到封建迷信活动中去寻找精神寄托;有的人在各种诱惑面前随波逐流,极少数党员、干部由于背离正确的理想信念堕落为腐败分子"②。

最后,放弃道德权威就是放弃自律。胡锦涛指出:"一些人认为道德修养方面的问题是'细节问题',没有必要在这个问题上小题大做。这种认识是十分错误的、有害的。'千里之堤,溃于蚁穴'。从近年来查处的领导干部违纪违法案件来看,腐败分子走上违法犯罪的道路,大都是从道德品质上出

---

① 《王稼祥选集》,人民出版社,1989年,第405页。
② 《江泽民文选》(第三卷),人民出版社,2006年,第89页。

问题开始的。"①因此,胡锦涛指出:"越是高层次人才,越应该具备道德自律能力"②。他反复告诫领导干部,要"常修为政之德、常思贪欲之害、常怀律己之心"。也是在这个意义上,温家宝告诫道:"国家工作人员要做到'清廉、节俭、奉献'六个字。一要清廉。公生明,廉生威。要一身正气、两袖清风,不以权谋私、贪赃枉法。二要节俭。一粥一饭,当思来之不易;半丝半缕,恒念物力维艰。办一切事情都要勤俭节约,不铺张浪费、劳民伤财。三要奉献。处天下之事,当有天下之心。一心为公、无私奉献,是公务员的天职,也是公务员的光荣。要甘当无名英雄,以人民之忧而忧、为人民之乐而乐,不追名逐利、患得患失。"③习近平指出:"我们讲宗旨,讲了很多话,说到底还是为人民服务这句话。为人民服务是共产党人的天职。我们要坚持党的群众路线,与人民心心相印、与人民同甘共苦、与人民团结奋斗,不断赢得群众信任和拥护、保持同人民群众的血肉联系。"④

在一定程度上说,离开道德权威,敬业价值观的培育就会成为无本之木、无源之水,如果缺乏道德权威,领导带头不仅对敬业价值观的培育不会产生效果,还会适得其反。作为培育敬业价值观的重要条件,道德权威是人们竞相效仿的对象,是敬业价值观的具象化标杆。没有了效仿的对象,没有了标杆,人们也就没有了方向。恩格斯曾专门写过一篇《论权威》的文章,阐明了权威的必要性:"联合活动、互相依赖的工作过程的错综复杂化,正在到处取代各个人的独立活动。但是,联合活动就是组织起来,而没有权威能够组织起来吗?"⑤马克思也曾说:"最能清楚地说明需要权威,而且是需要专断

---

① 《十六大以来重要文献选编》(下),中央文献出版社,2008 年,第 177 页。
② 《十六大以来重要文献选编》(中),中央文献出版社,2006 年,第 638 页。
③ 同上,第 449 页。
④ 《习近平关于"不忘初心、牢记使命"论述摘编》,党建读物出版社、中央文献出版社,2019 年,第 127 页。
⑤ 《马克思恩格斯选集》(第三卷),人民出版社,1995 年,第 224～225 页。

的权威的，要算是在汪洋大海上航行的船了。那里，在危急关头，大家的生命能否得救，就要看所有的人能否立即绝对服从一个人的意志。"①在学习、模仿、效仿对象的意义上说，离开道德权威，敬业价值观的培育就会成为无本之木、无源之水。敬业价值观的培育要做到人人可信、人人可学、人人可为，就必须重视领导干部的道德权威，引导他们带头践行敬业价值观，带头勇担社会责任、岗位责任。道德权威树立了，领导带头做好了，就能够促进一个单位的风气改善，就能够使职业道德建设取得进展。

习近平指出："正人必先正己，正己才能正人。群众看领导，党员看干部。领导带头、层层示范，是做好各项工作的重要方法。"②因此，培育敬业价值观就是要从领导干部抓起，通过运用经济的、政策的、法律的、道德的手段抓他们的"带头状况"，抓他们的道德情况。我国正处在社会主义改革时期，很多方面的制度、体制、规范还不健全、不完善。有的地方和部门对领导干部的"带头情况"和职业道德建设抓得不紧，一些党员、干部的道德权威还未树立，其本人的世界观、人生观、价值观问题没有解决，经受不住权力、金钱、美色的考验等。这些因素不仅现在存在，今后还会存在。因此，抓领导干部的"带头情况"和道德情况，将是一项经常、长期、艰巨的任务。这就要求在运用经济、法律、行政手段来抓领导干部的"带头情况"，同时也要用道德的手段来抓他们的道德情况，防止他们把经济活动中的商品交换原则引入职业生活、道德生活中，防止引入党的政治生活和国家机关的政务活动中。

三、"领导带头"与政绩业绩同等重要

说得多不如做得好，做得好不如带头行。作为领导，政绩业绩是永远都

---

① 《马克思恩格斯选集》（第三卷），人民出版社，1995 年，第 226 页。
② 习近平：《做焦裕禄式的县委书记》，中央文献出版社，2015 年，第 42～43 页。

是无法回避的话题。领导一任,造福一方,政绩业绩不仅间接或直接影响着领导的福利待遇,更影响着他们的前途命运,因此,政绩业绩是各行各业的领导的头等大事,也是他们所作所为的驱动力。对于领导来说,有所为、多干事、出政绩、出业绩,本无可厚非。但是,究竟什么样的政绩才算是政绩?什么样的业绩才算是业绩?如果领导的政绩业绩上去了,部门单位行业的风气下去了,那么这样的政绩业绩没有什么价值。政绩业绩考察往往比较客观,或表现为一系列数据,或表现为一些数列指标,或表现为看得见、摸得着的项目,数据上去了,指标达到了,项目拿下了往往能够"一俊遮百丑",而道德风气的考察往往比较复杂,这就使道德风气的很难列为对领导的考核范围中,而不被领导重视和认可。

抓领导带头的根本在于强化领导干部践行敬业价值观的欲望和动机,这就要求把"领导带头"纳入政绩业绩之中,并且与政绩业绩放在同等重要位置一起考核。其实,早在2009年7月,中共中央办公厅就颁布了《关于建立促进科学发展的党政领导班子和领导干部考核评价机制的意见》,其中明确规定要注重考核道德修养,重点了解职业道德。习近平也曾指出:"勤政务实,党的干部必须勤勉敬业、求真务实、真抓实干、精益求精,创造出经得起实践、人民、历史检验的实绩。"[①]对领导干部提出了勤政务实与勤勉敬业的道德修养要求。但是多年的实践经验说明,无论是政策上,还是政策的执行上,对领导的职业道德考察都没有置于与政绩业绩同等重要的位置。那么何为同等重要的位置呢?这要求在制度安排和顶层设计过程中,要解决政治业绩在考察、考评中"独占鳌头"的现象,扭转"绩效思维"。

第一,在顶层设计方面,应牢固树立"抓好领导带头"的理念,把"领导带头"和政绩业绩放在同等重要位置一起谋划、一起部署、一起考核、一起评

---

① 《习近平关于全面从严治党论述摘编》,中央文献出版社,2016年,第122页。

价,努力把"领导带头"抓严抓实。

第二,在制度安排方面,领导应成为职业道德建设的"第一责任人"职责,根据行业职业的特点明确其第一责任人的职责范围。

第三,在监督追责方面,建立监督、问责、追责机制,对领导职业道德建设的主体责任进行监督、问责、追责。

第四,在领导晋升、提拔与任用的原则方面,坚持"一个优先、三个不任"的原则,即对领导带头状况、道德情况、职业道德建设主体责任落实情况评价优秀的,优先提拔使用;对领导带头状况、道德情况、职业道德建设主体责任落实情况评价不及格的,不予以提拔使用。

第五,在领导晋升、提拔与任用的考评方面,在对领导的晋升、提拔和任用前,对"领导带头"的各项指标、事项、标准要征求群众意见和民主投票,意见和投票结果要保护意见人和投票人的隐私,泄露隐私的要追究责任,泄露隐私造成意见人和投票人被打击报复致死致伤的要追究刑事责任。

第六,如果"领导带头"流于形式,那么"领导带头"的效果必定有限,甚至没有效果,这就要求对领导责任范围内的科室、部处、单位的职业道德作风进行考评、考察,重点考评"领导带头"的效果,防止把"领导带头"流于形式的做法。

当然,领导干部提高自身的修养也十分重要。胡锦涛指出:"一些人认为道德修养方面的问题是'细节问题',没有必要在这个问题上小题大做。这种认识是十分错误的、有害的。'千里之堤,溃于蚁穴'。从近年来查处的领导干部违纪违法案件来看,腐败分子走上违法犯罪的道路,大都是从道德品质上出问题开始的。"[1]因此,他指出:"越是高层次人才,越应该具备道德自律能力。"[2]他反复告诫领导干部,要常修为政之德、常思贪欲之害、常怀律

① 《十六大以来重要文献选编》(下),中央文献出版社,2008 年,第 177 页。
② 《十六大以来重要文献选编》(中),中央文献出版社,2006 年,第 638 页。

己之心。

总之,只有各行各业的领导干部带头践行敬业价值观,特别是党和国家机关的领导干部要带头遵守职业道德,践行敬业价值观,做到秉公办事,公正廉洁,勇于担当,敢为人先,全心全意为人民服务,才能促进各行各业提倡职业道德,践行敬业价值观,才能纠正带有行业特点的不正之风,才能推动整个社会道德风气的进一步好转。"政者正也,子率以政,孰敢不正。"①

---

① 《论语·颜渊》。

参考文献

1. 论著部分

[1]《马克思恩格斯选集》(第一卷),人民出版社,1995年。

[2]《马克思恩格斯选集》(第二卷),人民出版社,1995年。

[3]《马克思恩格斯选集》(第三卷),人民出版社,1995年。

[4]《马克思恩格斯全集》(第3卷),人民出版社,1960年。

[5]《马克思恩格斯文集》(第一卷),人民出版社,2009年。

[6]《马克思恩格斯文集》(第四卷),人民出版社,2009年。

[7]《马克思恩格斯全集》(第6卷上),人民出版社,1961年。

[8]《马克思恩格斯全集》(第7卷),人民出版社,1959年。

[9]《马克思恩格斯全集》(第8卷),人民出版社,1961年。

[10]《马克思恩格斯文集》(第九卷),人民出版社,2009年。

[11]《马克思恩格斯文集》(第十卷),人民出版社,2009年。

[12]《马克思恩格斯全集》(第13卷),人民出版社,1962年。

[13]《马克思恩格斯全集》(第18卷),人民出版社,1964年。

[14]《马克思恩格斯全集》(第19卷),人民出版社,1963年。

[15]《马克思恩格斯全集》(第20卷),人民出版社,1971年。

[16]《马克思恩格斯全集》(第20卷第2册),人民出版社,1973年。

[17]《马克思恩格斯全集》(第21卷),人民出版社,1965年。

［18］《马克思恩格斯全集》(第 23 卷)，人民出版社，1972 年。

［19］《马克思恩格斯全集》(第 26 卷)，人民出版社，1972 年。

［20］《马克思恩格斯全集》(第 26 卷第 2 册)，人民出版社，1972 年。

［21］《马克思恩格斯全集》(第 26 卷第 3 册)，人民出版社，1972 年。

［22］《马克思恩格斯全集》(第 30 卷)，人民出版社，1995 年。

［23］《马克思恩格斯全集》(第 32 卷)，人民出版社，1974 年。

［24］《马克思恩格斯全集》(第 33 卷)，人民出版社，1973 年。

［25］《马克思恩格斯全集》(第 40 卷)，人民出版社，1982 年。

［26］《马克思恩格斯全集》(第 41 卷)，人民出版社，1982 年。

［27］《马克思恩格斯全集》(第 42 卷)，人民出版社，1979 年。

［28］《马克思恩格斯文集》(第 44 卷)，人民出版社，2001 年。

［29］《马克思恩格斯全集》(第 45 卷)，人民出版社，1985 年。

［30］《马克思恩格斯全集》(第 46 卷上)，人民出版社，1979 年。

［31］《马克思恩格斯全集》(第 46 卷下)，人民出版社，1980 年。

［32］《马克思恩格斯全集》(第 47 卷)，人民出版社，1979 年。

［33］马克思：《1844 年经济学哲学手稿》，人民出版社，2000 年。

［34］马克思、恩格斯：《共产党宣言》，人民出版社，1997 年。

［35］《列宁全集》(第 1 卷)，人民出版社，1984 年。

［36］《列宁全集》(第 3 卷)，人民出版社，1995 年。

［37］《列宁全集》(第 19 卷)，人民出版社，1959 年。

［38］《列宁全集》(第 25 卷)，人民出版社，1961 年。

［39］《列宁全集》(第 31 卷)，人民出版社，1958 年。

［40］《列宁全集》(第 37 卷)，人民出版社，1986 年。

［41］《列宁全集》(第 40 卷)，人民出版社，1986 年。

［42］《斯大林选集》(下卷)，人民出版社，1979 年。

［43］斯大林：《联共(布)党史简明教程》，中央编译局译，人民出版社，1975 年。

［44］《毛泽东文集》(第二卷)，人民出版社，1993 年。

[45]《毛泽东选集》(第三卷),人民出版社,1991年。

[46]《毛泽东选集》(第四卷),人民出版社,1991年。

[47]《毛泽东文集》(第七卷),人民出版社,1999年。

[48]《邓小平文选》(第一卷),人民出版社,1994年。

[49]《邓小平文选》(第二卷),人民出版社,1994年。

[50]《邓小平文选》(第三卷),人民出版社,1994年。

[51]《江泽民论有中国特色社会主义:专题摘编》,中央文献出版社,2002年。

[52]《江泽民文选》(第一卷),人民出版社,2006年。

[53]《江泽民文选》(第二卷),人民出版社,2006年。

[54]《江泽民文选》(第三卷),人民出版社,2006年。

[55]《胡锦涛文选》(第三卷),人民出版社,2016年。

[56]《胡锦涛文选》(第三卷),人民出版社,2016年。

[57]习近平:《之江新语》,浙江人民出版社,2007年。

[58]《习近平谈治国理政》,外文出版社,2014年。

[59]《习近平谈治国理政》(第二卷),外文出版社,2017年。

[60]《习近平谈治国理政》(第三卷),外文出版社,2020年。

[61]习近平:《在学习〈胡锦涛文选〉报告会上的讲话》,人民出版社,2016年。

[62]习近平:《摆脱贫困》,福建人民出版社,1992年。

[63]习近平:《做焦裕禄式的县委书记》,中央文献出版社,2015年。

[64]习近平:《在全国劳动模范和先进工作者表彰大会上的讲话》,人民出版社,2020年。

[65]《周恩来选集》(下卷),人民出版社,1984年。

[66]《刘少奇选集》(上卷),人民出版社,1981年。

[67]《习仲勋文选》,中央文献出版社,1995年。

[68]《薄一波文选》,人民出版社,1992年。

[69]薄一波:《若干重大决策与事件的回顾(修订本)》下卷,人民出版社,1997年。

[70]《李先念文选》,人民出版社,1989年。

[71]《宋庆龄选集》(下卷),人民出版社,1992年。

[72]《叶剑英选集》,人民出版社,1996年。

[73]《十二大以来重要文献选编》(中),人民出版社,1986年。

[74]《十三大以来重要文献选编》(上),中央文献研究室,1991年。

[75]《十四大以来重要文献选编》(上),人民出版社,1996年。

[76]《十五大以来重要文献选编》(上),人民出版社,2000年。

[77]《十六大以来重要文献选编》(中),中央文献出版社,2006年。

[78]《十六大以来重要文献选编》(下),中央文献出版社,2008年。

[79]《十七大以来重要文献选编》(上),中央文献出版社,2009年。

[80]《十八大以来重要文献选编》(上),重要文献出版社,2014年。

[81]《中共中央关于全面深化改革若干重大问题的决定》,人民出版社,2013年。

[82]中共中央书记研究室政治组:《做合格的共产党员:第5集》,中共中央党校出版社,1985年。

[83]中共中央文献研究室:《社会主义精神文明建设文献选编》,中央文献出版社,1996年。

[84]中共中央文献研究室:《新时期经济体制改革重要文献选编》(上),中央文献出版社,1998年。

[85]中共中央文献研究室:《习近平关于全面从严治党论述摘编》,中央文献出版社,2016年。

[86]中共中央文献研究室:《习近平关于社会主义政治建设论述摘编》,中央文献出版社,2017年。

[87]中共中央宣传部:《习近平总书记系列重要讲话读本》,人民出版社学习出版社,2014年。

[88]中华人民共和国国务院新闻办公室:《国家人权行动计划(2021—2025年)》,人民出版社,2021年。

[89]《中共中央关于深化文化体制改革推动社会主义文化大发展大繁荣若干重大问题的决定:辅导读本》,人民出版社,2011年。

[90]北京地区军队院校协作中心办公室:《社会主义初级阶段理论初探》,解放军出版社

1988 年版。

[91]"十二五"规划建言献策活动办公室、国家发展和改革委员会发展策划公司:《共绘蓝图——"十二五"规划建言献策选编》,人民出版社,2011 年。

[92]共青团北京市委员会:《北京青年发展报告——北京青年指数 2005—2006 年版》,人民出版社,2007 年。

[93]《新民学会资料》,人民出版社,1980 年。

[94]《傅立叶选集》(第 1 卷),商务印书馆,1979 年。

[95]《傅立叶选集》(第 2 卷),商务印书馆,1981 年。

[96]《王稼祥选集》,人民出版社,1989 年。

[97]蔡元培:《中国伦理学史》,东方出版社,1996 年。

[98]蔡昉:《中国经济转型 30 年》,社会科学文献出版社,2009 年。

[99]蔡志良:《职业伦理新论》,电子科技大学出版社,2014 年。

[100]蔡禾:《中国劳动力动态调查:2015 年报告》,社会科学文献出版社,2015 年。

[101]曾培炎:《曾培炎论发展与改革》(中卷)》,人民出版社,2014 年。

[102]陈新汉:《社会主义核心价值体系论研究》,北京师范大学出版社,2012 年。

[103]陈燕楠:《中国特色社会主义研究》下,人民出版社,2014 年。

[104]陈学明:《"西方马克思主义"命题辞典》,东方出版社,2004 年。

[105]方志敏:《狱中纪实》,工人出版社,1957 年。

[106]高清海:《马克思主义哲学基础》(下),人民出版社,1987 年。

[107]高兆明、李萍:《现代化进程中的伦理秩序研究》,人民出版社,2007 年。

[108]高兆明:《现代化进程中的伦理秩序研究》,人民出版社,2007 年。

[109]高兆明:《道德生活论》,海大学出版社,1993 年。

[110]高兆明:《中国市民社会论稿》,中国矿业大学出版社,2011 年。

[111]顾准:《希腊城邦制度》,中国社会科学出版社,1982 年。

[112]《关于人道主义和异化问题论文集》,人民出版社,1984 年。

[113]郭建宁:《社会主义核心价值观基本内容释义》,人民出版社,2015 年。

[114]胡海波:《中华民族精神家园的生命精神研究》,人民出版社,2015 年。

[115]《胡乔木文集》(第 2 卷),人民出版社,2012 年。

[116]黄明理:《社会主义道德信仰研究》,人民出版社,2006 年。

[117]焦国成:《传统伦理及其现代价值》,教育科学出版社,2000 年。

[118]孔多塞:《人类精神进步史表纲要》,生活·读书·新知三联书店,1998 年。

[119]雷锋:《雷锋日记:1959—1962》,解放军文艺社,1963 年。

[120]雷锋:《雷锋日记选》,人民出版社,1973 年。

[121]李强:《社会分层十讲》,社会科学文献出版社,2008 年。

[122]李权时、章海山:《经济人与道德人:市场经济与道德建设》,北京人民出版社,
1995 年。

[123]李长春:《辽沈大地改革潮:20 世纪 80 年代振兴辽宁的探索与实践》(上),人民出
版社,2014 年。

[124]梁启超:《饮冰室合集》,中华书局,1989 年。

[125]梁漱溟:《中国文化要义》,学林出版社,1987 年。

[126]廖申白:《伦理学概论》,北京师范大学,2009 年。

[127]《鲁迅选集》(第 2 卷),人民文学出版社,1983 年。

[128]刘建军:《单位中国——社会调控体系重构中的个人、组织与国家》,天津人民出版
社,2000 年。

[129]刘启林:《共产主义道德概论》,中国青年出版社,1990 年。

[130]刘荣军:《财富、人与历史——马克思财富理论的哲学意蕴与现实意义》,人民出版
社,2009 年。

[131]刘尚希:《财税热点访谈录》,人民出版社,2016 年。

[132]刘智峰:《道德中国:当代中国道德伦理的深度忧思》,中国社会科学出版社,
1999 年。

[133]陆学艺、景天魁:《转型中的中国社会》,黑龙江人民出版社,1994 年。

[134]陆学艺:《当代中国社会阶层研究报告》,社会科学文献出版社,2002 年。

[135]路丙辉:《社会转型时期我国家庭伦理变化及道德建设研究》,人民出版社,
2016 年。

[136]罗国杰:《建设与社会主义市场经济相适应的思想道德体系》,人民出版社,
2011 年。

[137]罗国杰:《伦理学》(修订本),人民出版社,2014 年。

[138]罗国杰:《伦理学》,人民出版社,1989 年。

[139]罗国杰:《罗国杰文集》(上卷),河北大学出版社,2000 年。

[140]罗国杰:《罗国杰文集》(下卷),河北大学出版社,2000 年。

[141]罗国杰:《马克思主义价值观研究》,人民出版社,2013 年。

[142]马福云:《十六大以来党的思想政治工作创新研究》,人民出版社,2016 年。

[143]《关于人道主义和异化问题论文集》,人民出版社,984 年。

[144]任平、陈忠:《当代视野中的马克思主义哲学》,人民出版社,2010 年。

[145]任仲文:《深入学习习近平总书记重要讲话精神:人民日报重要文章选》,人民日报
出版社,2014 年。

[146]邵达成:《谈共产主义道德教育》,湖北人民出版社,1956 年。

[147]石磊、崔晓天、王忠:《哲学新概念词典》,黑龙江人民出版社,1988 年。

[148]宋希仁:《马克思恩格斯道德哲学研究》,中国社会科学出版社,2012 年。

[149]孙立平:《转型与断裂:改革以来中国社会结构的变迁》,清华大学出版社,2004 年。

[150]孙正聿:《人的精神家园》,江苏人民出版社,2013 年。

[151]唐凯麟、龙兴海:《个体道德论》,中国青年出版社,1993 年。

[152]《陶行知全集》(第 2 卷),四川教育出版社,1991 年。

[153]梯利:《西方哲学史》(上册),商务印书馆,1975 年。

[154]万俊人:《现代西方伦理学史》(下卷),北京大学出版社,1992 年。

[155]《万里文选》,人民出版社,1995 年。

[156]《王若飞文集》,人民出版社,2014 年。

[157]王盛辉:《自由个性及其历史生成研究——基于马克思恩格斯文本整体解读的新
视角》,人民出版社,2011 年。

[158]王沪宁:《当代中国村落家庭文化》,上海人民出版社,1991 年。

[159]王伟光:《利益论》,人民出版社,2001 年。

[160]王伟光:《社会生活方式论》,江苏人民出版社,1988年。

[161]王小锡:《道德资本与经济伦理》,人民出版社,2000年。

[162]王泽应:《20世纪中国马克思主义伦理思想研究》,人民出版社,2008年。

[163]韦政通:《伦理思想的突破》,四川人民出版社,1998年。

[164]吴波:《新中国社会形态研究》,江苏人民出版社,2014年。

[165]吴潜涛:《日本伦理思想与日本现代化》,中国人民大学,1994年。

[166]吴潜涛:《中国化马克思主义伦理思想研究》,中国人民大学出版社,2015年。

[167]吴向东:《重构现代性:当代社会主义价值观研究》(修订版),北京师范大学出版社,2009年。

[168]吴增基、吴鹏森、苏振芳:《现代社会学》(第三版),上海人民出版社,2005年。

[169]萧鸣政、郭丽娟、李栋:《中国人力资源服务业白皮书(2013)》,人民出版社,2014年。

[170]徐俊达:《中国社会主义社会形态论:马克思主义社会形态学说与社会主义初级阶段理论研究》,学习出版社,2006年。

[171]《徐特立文集》,湖南人民出版社,1982年。

[172]许纪霖、陈达凯:《中国现代化史》第一卷(1800—1949),上海三联书店出版社,1995年。

[173]谢宇、张晓波、李建新:《中国民生发展报告2013》,北京大学出版社,2013年。

[174]杨国荣:《伦理与存在》,上海人民出版社,2002年。

[175]杨清荣:《公共生活伦理研究:以中国的社会转型为背景》,人民出版社,2016年。

[176]俞德鹏:《城乡社会:从隔离走向开放——中国户籍制度与户籍法研究》,山东人民出版社,2002年。

[177]俞吾金:《被遮蔽的马克思》,人民出版社,2012年。

[178]袁祖社:《马克思主义人学理论与社会发展探究》,人民出版社,2016年。

[179]袁方:《中国社会结构转型》,中国社会出版社,1999年。

[180]张岱年:《中国哲学大纲》,中国社会科学出版社,1982年。

[181]赵中立:《纪念爱因斯坦译文集》,上海科学技术出版社,1979年。

[182]赵汀阳:《论可能生活》(第2版),中国人民大学出版社,2010年。

[183]郑杭生、李强、李路路:《当代中国社会结构和社会关系研究》,首都师范大学出版社,1997年。

[184]中国革命博物馆:《中国共产党党章汇编》,人民出版社,1979年。

[185]钟明华、李萍:《马克思主义人学视域中的现代人生问题》,人民出版社,2006年。

[186]周辅成:《西方伦理学名著选辑》(上),商务印书馆,1964年。

[187]周辅成:《西方伦理学名著选辑》(下),商务印书馆,1987年。

[188]周中之:《伦理学》,人民出版社,2004年。

[189][古希腊]柏拉图:《理想国》,商务印书馆,1986年。

[190][古希腊]亚里士多德:《政治学》,吴寿彭译,商务印书馆,1995年。

[191][古希腊]亚里士多德:《尼各马可伦理学》,苗力田译,中国人民大学出版社,2003年。

[192][古希腊]亚里士多德:《尼各马可伦理学》,廖申白译,商务印书馆,2003年。

[193][古希腊]亚里士多德:《尼各马可伦理学》,邓安庆译,人民出版社,2010年。

[194][古希腊]亚里士多德:《亚里士多德全集》(第八卷),中国人民大学出版社,1994年。

[195][美]本杰明·富兰克林:《穷查理年鉴:财富之路》,林可欣译,上海远东出版社,2002年。

[196][美]查理德·尼克松:《1999:不战而胜》,王观声译,世界知识出版社,1997年。

[197][美]丹尼尔·贝尔:《资本主义文化矛盾》,赵一凡译,生活·读书·新知三联书店,1989年。

[198][美]弗兰克·梯利:《伦理学导论》,何意译,广西师范大学出版社,2002年。

[199][美]布劳:《社会生活中的交换与权力》,孙非、张黎勤译,华夏出版社,1987年。

[200][美]赫舍尔:《人是谁》,隗仁莲、安希孟译,贵州人民出版社,1994年。

[201][美]赫希曼:《欲望与利益:资本主义走向胜利前的政治争论,李新华》,朱进东译,上海文艺出版社,2003年。

[202][美]柯尔伯格:《道德教育的哲学》,魏贤超、柯森译,浙江教育出版社,2000年。

［203］［美］麦金太尔:《德性之后》,龚群、戴扬毅译,中国社会科学出版社,1995 年。

［204］［美］塞谬尔·斯迈尔斯:《品格的力量》,赵洪恩译,新疆美术摄影出版社,2010 年。

［205］［美］托马斯·古德尔、杰弗瑞·戈比:《人类思想史中的休闲》,成素梅译,云南人
民出版社,2000 年。

［206］［美］托马斯·库恩:《科学革命的结构》,李宝恒、纪树立译,上海科学技术出版社,
1980 年。

［207］［美］约翰·罗尔斯:《正义论》,何怀宏译,中国社会科学出版社,1989 年。

［208］［美］詹姆斯·H. 罗宾斯:《敬业:美国员工职业精神培训手册》,曼丽译,世界图书
出版公司,2004 年。

［209］［美］詹姆斯·L. 多蒂、德威特·R. 李:《市场经济——大师们的思考》,林季红等
译,江苏人民出版社,2000 年。

［210］［英］彼得斯·沃特曼:《致富秘诀—美国企业家成功经验》,中国科学院人才交流
中心译,北京科学技术出版社,1995 年。

［211］［英］亚当·斯密:《国富论》,唐日松、赵康英、冯力等译,华夏出版社,2004 年。

［212］［英］亚当·斯密:《道德情操论》,蒋自强译,商务印书馆,1997 年。

［213］［英］亚当·斯密:《国民财富的性质和原因的研究》(上卷),郭大力、王亚南译,商
务出版社,1983 年。

［214］［英］罗素:《罗素论幸福人生》,桑国宽译,世界知识出版社,2007 年。

［215］［英］安东尼·吉登斯:《失控的世界》,周红云译,江西人民出版社,2001 年。

［216］［英］怀特海:《教育的目的》,徐汝舟译,生活·读书·新知三联书店,2002 年。

［217］［英］安东尼·吉登斯:《现代性的后果》,田禾译,译林出版社,2000 年。

［218］［英］克里斯托弗·道森:《宗教与西方文化的兴起》,长川某译,四川人民出版社,
1989 年。

［219］［英］威廉·汤普逊:《最能促进人类幸福的财富分配原理的研究》,何慕李译,商务
印书馆,1986 年。

［220］［英］梅因:《古代法》,沈景一译,商务印书馆,1984 年。

［221］［德］费尔巴哈:《费尔巴哈哲学著作选集》上卷,荣震华译,生活·读书·新知三联

书店,1959 年。

[222][德]胡塞尔:《欧洲科学危机和超验现象学》,张庆熊译,上海译文出版社,1988 年。

[223][德]汉娜·阿伦特:《人的境况》,王寅丽译,上海人民出版社,2009 年。

[224][德]黑格尔:《精神现象学》下卷,贺麟、王玖兴译,商务印书馆,1979 年。

[225][德]康德:《实践理性批判》,邓晓芒译,商务印书馆,2000 年。

[226][德]康德:《判断力批判》,邓晓芒译,人民出版社,2002 年。

[227][德]康德:《实践理性批判》,邓晓芒译,商务印书馆,2003 年。

[228][德]马克斯·韦伯:《新教伦理与资本主义精神》,苏国勋、覃方明、赵立玮等译,社
会科学文献出版社,2010 年。

[229][德]马克斯·韦伯:《新教伦理与资本主义精神》,于晓、陈维纲等译,生活·读书
·新知三联书店,1992 年。

[230][德]马克斯·舍勒:《价值的颠覆》,罗悌伦译,生活·读书·新知三联书店,
1997 年。

[231][法]爱弥尔·涂尔干:《道德教育》,陈光金、沈杰、朱谐汉译,上海人民出版社,
2001 年。

[232][法]爱弥尔·涂尔干:《职业伦理与公民道德》,渠敬东译,商务印书馆,2015 年。

[233][法]托克维尔:《论美国的民主》,董果良译,商务印书馆,1988 年。

[234][法]维克多·孔西得朗:《社会命运》(第二卷),李平沤译,商务印书馆,1986 年。

[235][瑞士]皮亚杰:《儿童的道德判断》,傅统先、陆有铨译,东教育出版社,1984 年。

[236][瑞士]西斯蒙第:《政治经济学新原理》,何钦译,商务印书馆,1977 年。

[237][印度]阿马蒂亚·森:《伦理学与经济学》,王宇、王文玉译,商务印书馆,2000 年。

[238][加]查尔斯·泰勒:《自我的根源:现代认同的形成》,韩震译,译林出版社,
2001 年。

[239][苏]马拉霍夫:《唯物主义辩证法:第四卷社会发展的辩证法》,东方出版社,
1988 年。

[240][苏]萨姆索诺夫:《苏联简史:第二卷:从伟大十月社会主义革命到现在》(上册),
北京大学俄语系 70、71 级工农兵学员译,生活·读书·新知三联书店,1976 年。

2.期刊论文部分

[1]仇立平:《职业地位:社会分层的指示器——上海社会结构与社会分层研究》,《社会学研究》,2001 年第 3 期。

[2]戴建中:《协调劳动关系是非公有制企业健康发展的重要内容》,《中国党政干部论坛》,2005 年第 4 期。

[3]戴木才:《论德性养成教育》,江西师范大学学报哲学社会科学版期,2000 年第 3 期。

[4]董少林、吴波:《关于社会主义初级阶段的阶级阶层结构及其内在矛盾》,《政治学研究》,2011 年第 3 期。

[5]黄兆林:《论敬业价值观》,《湖湘论坛》,1997 年第 2 期。

[6]蒋冰海、张华金、蔡子文:《市场经济与敬业价值观》,《社会科学》,1994 年第 11 期。

[7]金民卿、李张容:《加强新的历史条件下的党内关怀》,《理论探索》,2016 年第 3 期。

[8]来有为:《我国劳务派遣行业发展中存在的问题及解决思路》,《经济纵横》,2013 年第 5 期。

[9]李培林:《处在社会转型时期的中国》,《国际社会科学杂志》,1993 年第 10 期。

[10]李培林:《新时期阶级阶层结构和利益格局的变化》,《中国社会科学》,1995 年第 3 期。

[11]李小瑛、赵忠:《城镇劳动力市场雇佣关系的演化及影响因素》,《经济研究》,2012 年第 9 期。

[12]廖申白:《市场经济与伦理道德讨论中的几个问题》,《哲学研究》1995 年第 6 期。

[13]鲁洁:《教育的返本归真——德育之根基所在》,《华东师范大学学报》(教育科学版)2001 年第 4 期。

[14]罗国杰:《雷锋精神和建设社会主义精神文明》,《青年研究》1982 年第 2 期。

[15]庞景君:《社会转型的动力和标志》,《社会科学辑刊》,1995 年第 4 期。

[16]秦奋:《日本律师道德规范》,《国外法学》,1982 年第 1 期。

[17]全总劳务派遣问题课题组:《当前我国劳务派遣用工现状调查》,《中国劳动》,2012 年第 05 期。

[18]孙旭、杨永志:《 社会主义敬业价值观的传统、本质和中国特色》,《重庆邮电大学学

报》(社会科学版),2016 年第 6 期。

[19]杨永志、孙旭:《马克思主义敬业价值观的历史探源和培育要义》,《理论学刊》,2017
年第 4 期。

[20]神彦飞、赵健:《论职业观教育的思想政治教育学科归属》,《思想理论教育导刊》,
2016 年第 10 期。

[21]唐凯麟、李培超:《试论经济体制转轨和职业价值观的合理调适》,《理论前沿》,2000
年第 11 期。

[22]唐凯麟:《弘扬"敬业奉献"的职业精神——解读向军华、沈国初二位道德模范的先
进事迹》,《湖湘论坛》,2009 年第 9 期。

[23]万俊人:《论市场经济的道德维度》,《中国社会科学》,2000 年第 2 期。

[24]万俊人:《论正义之为社会制度的第一美德》,《哲学研究》,2009 年第 2 期。

[25]王泽应:《论敬业价值观》,《中南林业科技大学学报》(社会科学版),2007 年第
3 期。

[26]吴平魁:《论经济关系契约化对人自身发展的影响》,《陕西经贸学院学报》,2002 年
第 5 期。

[27]吴向东:《人民功利主义论》,《北京师范大学学报年》(人文社会科学版),2000 年第
3 期。

[28]吴要武、蔡昉:《中国城镇非正规就业:规模与特征》,《中国劳动经济学》,2010 年第
2 期。

[29]徐贵权:《改革开放以来中国社会价值观范型的转换》,《探索与争鸣》,2004 年第
5 期。

[30]杨业华、沈雅琼,许林青:《社会主义核心价值观之敬业探析》,《思想理论教育导
刊》,2015 年第 10 期。

[31]一程:《私营经济问题若干资料》,《当代思潮》,1996 年第 2 期。

[32]于尔根·科卡、李丽娜:《欧洲历史中劳动问题的研究》,《山东社会科学》,2006 年第
9 期。

[33]赵庆麟:《据德敬业——兼论社会主义精神文明建设与中国传统文化的关系》,《中

华文化论坛》,1994 年第 1 期。

[34]郑杭生:《改革开放三十年:社会发展理论和社会转型理论》,《中国社会科学》,2009
年第 2 期。

[35]周雪光:《权威体制与有效治理:当代中国国家治理的制度逻辑》,《开放时代》,2011
年第 10 期。

3. 报纸文章部分

[1]《0.47—0.49:统计局首次发布十年基尼系数略高于世行计算的数据》,《人民日报》
2013 年 1 月 19 日。

[2]常修泽:《人本导向型转变方式的着力点》,《中国社会科学报》,2010 年 6 月 10 日。

[3]成慧:《收入差距大,担心"被平均"》,《人民日报》,2013 年 5 月 31 日。

[4]冯蕾、邱玥:《基尼系数的警示》,《光明日报》,2014 年 7 月 31 日。

[5]《富士康雇学生加班生产 iPhoneX》,《参考消息》,2017 年 11 月 23 日。

[6]《韩国博士失业率创新高》,《环球时报》,2017 年 11 月 23 日。

[7]江畅:《人民美好生活的内涵及实现条件》,《光明日报》,2017 年 12 月 15 日。

[8]纪荣凯:《工资条例为何难产》,《光明日报》,2011 年 8 月 25 日。

[9]明海英:《"人本导向":经济转型的动力引擎》,《中国社会科学报》,2015 年 11 月 9 日。

[10]《庆祝"五一"国际劳动节暨表彰全国劳动模范和先进工作者大会隆重举行》,《人民
日报》,2015 年 4 月 29 日。

[11]任仲平:《改变中国命运的历史抉择——写在社会主义市场经济体制确立 20 周年之
际》,《人民日报》2012 年 7 月 10 日。

[12]魏月蘅、王晓樱:《选择一种有远见的生活方式——27 名大学生重建海南鹦歌岭自
然保护区工作站纪实》,《光明日报》,2012 年 4 月 9 日。

[13]叶依:《知识分子:健康亮起红灯》,《健康时报》,2004 年 4 月 22 日。

[14]张世英:《市场经济和终极关怀》,《光明日报》,1995 年 9 月 21 日。

[15]中共重庆市委理论学习中心组:《中国特色社会主义:理论逻辑和历史逻辑的辩证
统一——深刻领会习近平同志关于中国特色社会主义的重要讲话精神》,《人民日
报》,2013 年 9 月 3 日。

后 记

本书为 2019 年度天津市哲学社会科学规划课题青年项目"新时代儒家伦理涵养社会主义核心价值观的价值及路径研究"（项目编号：TJKSQN19－004）的最终成果。同时也得到了"全国重点马克思主义学院建设经费"的资助。

本书在问题意识梳理、框架设计和具体撰写过程中参考和吸收了已有的研究成果，并得到了天津人民出版社的大力协助。在此，要特别感谢天津人民出版社总编王康女士、编辑郑玥女士、特约编辑王倩女士的辛勤付出，使得本书能够顺利出版。

本书理论水平和实践经验还有许多需要提高的方面，在内容等方面仍然存在很多不足，欢迎各位专家和读者的批评指正。

孙旭

2022 年 5 月 1 日